Katja Porsch

Verkaufsprofiling

„Kurzweilig, informativ, passend für die Zielgruppe.
Mir hat gefallen, wie sie es vorgelebt hat: ‚Man muss es
einfach machen.' Das wurde auch super angenommen."
JOHANN WIESBÖCK,
CHEFREDAKTEUR ELEKTRONIKPRAXIS

„Erfrischend, zum Schmunzeln anregend und erhellend.
Sie hat vom Vortragsstil her die Leute mitgenommen.
Ich fand das hervorragend. Ich bin sehr begeistert."
RALF BRÜNING,
PRODUKTMANAGER ZUKEN GMBH,
EMC TECHNOLOGY CENTER

„Katja Porsch hat motiviert, sich mit dem ‚To-do',
dem Abschluss und dem ‚Warum' zu befassen.
= Empfehlenswert!"
DETLEF MOLLATH, JURIST

„Katja Porsch weiß, wovon sie spricht. Ihre Inhalte sind
motivierend, praxisnah und direkt umsetzbar."
ARMIN BAUMANN, CEO KMU SWISS

„Das war einer der besten Vorträge zum Thema Vertrieb
(Selbstverständnis zu Vertrieb etc.). Wirklich praxisnah
und auch sehr lebhaft präsentiert. Kompliment."
GÜNTER APELTAUER,
GENERALBEVOLLMÄCHTIGTER
VOLKSBANK NECKARTAL

Katja Porsch

Verkaufsprofiling

Wie Sie Ihre Kunden
lesen und lenken

Bibliografische Information der Deutschen Nationalbibliothek

Die Deutsche Nationalbibliothek verzeichnet diese Publikation
in der Deutschen Nationalbibliografie; detaillierte bibliografische
Daten sind im Internet über http://dnb.d-nb.de abrufbar.

ISBN 978-3-86936-637-1

Lektorat: Claudia Franz, Augsburg | info@text-it.org
Umschlaggestaltung: Martin Zech, Bremen | www.martinzech.de
Umschlagfoto: kyoshino/iStock
Satz und Layout: Lohse Design, Heppenheim | www.lohse-design.de
Druck und Bindung: Salzland Druck, Staßfurt

© 2015 GABAL Verlag GmbH, Offenbach
Alle Rechte vorbehalten. Vervielfältigung, auch auszugsweise,
nur mit schriftlicher Genehmigung des Verlages.

www.gabal-verlag.de

Inhalt

Die Profiler-Matrix 7

Step 1: Das Haifischbecken 11
1.1 Sturz vor der Ziellinie 12
1.2 Ausreden 15
1.3 Der Fokus entscheidet 22
1.4 Wir bekommen, was wir erwarten 27
1.5 Sinnlose Kämpfe 32
1.6 Raus aus dem Haifischbecken! 40

Step 2: Wie wir Entscheidungen fällen 43
2.1 Wie Menschen entscheiden 43
2.2 Das 3-Gehirne-Modell 46
2.3 Der Köder – bunte Blätter, die unser Leben bestimmen 52
2.4 Falle – Was schmeißen wir ins Becken? 55
2.5 Der klassische Verkaufsansatz – Scheitern vorprogrammiert 60
2.6 Der Profiling-Ansatz 67
2.7 Der richtige Köder – dein Schokomuffin 74

Step 3: Die psychologische Landkarte 81

3.1 Die Grundlage – Emotionen 81
3.2 Die Grundpfeiler – was uns bewegt 91
3.3 Das Gerüst – die MÄRZ-Formel 101
3.4 Bilder 113

Step 4: AIDAplus 122

4.1 Die vier Phasen bis zum Abschluss 123
4.2 Phase A: Aufmerksamkeit schaffen 127
4.3 Phase I: Interesse wecken 136
4.4 Phase D: Verlangen – Ich will kaufen! 149
4.5 Phase Aplus: Den Sack zumachen 165

Step 5: Die Profiler-Tools 171

5.1 Profiler-Tool I: Identifizierung der Brandherde 172
5.2 Profiler-Tool II: Problemfindungsphase 177
5.3 Profiler-Tool III: Vorbereitung 191

Step 6: Bereit sein, den Preis zu bezahlen 199

6.1 Angst 200
6.2 Wann wir bereit sind, den Preis zu bezahlen 204
6.3 Wie wir unser Ziel erreichen 213
6.4 Jetzt! 219

Die Autorin 220

Literatur 221

Register 222

Die Profiler-Matrix

Preisdruck, Konkurrenzdruck, Umsatzdruck. Kennen Sie das Gefühl? In der heutigen Verkaufswelt ist das an der Tagesordnung. Produkte und Dienstleistungen werden immer vergleich- und austauschbarer. Die Herausforderungen für die Verkäufer steigen und steigen. Wer nicht mitkommt, fliegt raus oder wird gefressen. Wie besteht man in diesem Haifischbecken? Wie macht man sich einzigartig und unverwechselbar?

Warum ...
- ... sind einige Verkäufer absolut erfolgreich – und andere nicht?
- ... schlagen sich einige Verkäufer den ganzen Tag mit Preisdruck, Konkurrenzdruck und Umsatzdruck herum – und anderen wissen gar nicht, was das ist?
- ... ist für einige Verkäufer der Markt ein einziges Haifischbecken – und für andere ein Spaßbad?

Was unterscheidet die einen von den anderen? Was machen die einen besser als die anderen?

Meine Verkaufskarriere begann bei einem Berliner Immobilienvertrieb mit der Kaltakquise. Kaltakquise und Kapitalanlageimmobilien – ich war im Haifischbecken. Ich weiß, wie es ist, wenn man jagt. Ich weiß aber auch, wie es ist, wenn man plötzlich gejagt wird. Wenn man ständig Angst hat, nicht schnell genug zu sein und gefressen zu werden. Ich habe in diesem Becken so

Mitten im Haifischbecken!

ziemlich alle Spielarten durchgemacht. Ich bin mit den Haien geschwommen. Ich habe mit ihnen gekämpft. Ich habe sogar mit ihnen gespielt. Meist wurde ich allerdings von ihnen gejagt.

Irgendwann hatte ich keine Lust mehr auf dieses Spiel. Ich hatte keine Lust mehr, ständig das Opfer zu sein. Ich hatte keine Lust mehr, mich jagen zu lassen und jeden Tag aufs Neue um mein Überleben zu kämpfen.

Irgendwann habe ich mir gesagt: „Katja, *wenn hier schon einer jagt, dann bist du das!*" Und seitdem jage ich sie – die Haie.

Wenn wir im Haifischbecken Erfolg haben wollen, dann müssen wir uns entsprechend ausrüsten. Wir müssen uns entscheiden, ob wir Jäger sein wollen oder Gejagter. Wir können die Umstände, den Markt und die Dinge, die uns das Leben schwer machen, nicht ändern. Aber wir können uns wappnen. Wir können lernen, unser Gegenüber zu lesen und zu lenken.

Jäger oder Gejagter? In diesem Buch werde ich Ihnen meine Erfahrungen weitergeben. Erfahrungen, die mich an die Verkaufsspitze gebracht haben. Ich zeige Ihnen, wie ich es geschafft habe, im hart umkämpften Immobilienmarkt mit der Kaltakquise Verkaufsquoten von 1 zu 1,5 zu erreichen. Sie werden lesen, wie ich von der Spitze in die Pleite gerauscht bin und warum. Wie ich plötzlich vom Jäger zur Gejagten wurde – ohne es selbst zu bemerken. Und ich werde Ihnen die Werkzeuge an die Hand geben, die mir damals geholfen und mich vor Fehlern und Fehltritten bewahrt hätten.

Sie werden erfahren,
- wie Sie nicht vom Markt, Ihren Kunden und der Konkurrenz gefressen werden,
- wie Sie Ihren Verkaufserfolg selbst steuern und bestimmen,
- wie Sie Ihre Kunden lesen und lenken und immer den richtigen Köder ins Becken werfen,
- wie Sie zum Profiler Ihrer Kunden werden.

Zu Ihrer Unterstützung habe ich die wichtigsten Kernbotschaften in der Profiler-Matrix zusammengefasst. So haben Sie während des Lesens immer die Möglichkeit, sich schnell zu orientieren: **Alles auf einen Blick!**

Die Profiler-Matrix

Verkaufs-phase	Ziel	Werkzeug	Profiler-Tools
A	Aufmerksamkeit wecken	▪ Akquise-Köder ▪ AIDA-Faktor	Brandherde + Auslöser
I	Interesse wecken	▪ Elevator-Pitch ▪ Ich / Sie-Perspektive ▪ Evaluierungsfrage	Brandherde + Auslöser
D	Verlangen erzeugen (Desire)	**Profiler-Verkaufsleitfaden:** ▪ Erwartungshaltung ▪ Psychologische Landkarte ▪ 1. Trichter: Schmerz / Freude ▪ 2. Trichter: MÄRZ-Formel ▪ 3. Trichter: Das Bild dahinter ▪ 4. Trichter: WARUM ▪ Emotionsköder entwickeln ▪ Preis in andere Relation setzen ▪ Anbeißen lassen ▪ Sekundäre Rationalisierung ▪ Sack zumachen	**Profiler-Tool I** Identifizierung der Brandherde **Profiler-Tool II** Problem-findungsphase **Profiler-Tool III** Vorbereitung
Aplus	Sack zumachen	**Profiler-Regeln** ▪ Nicht labern! ▪ Reihenfolge einhalten ▪ Abschluss sichern in Phase „D" ▪ Vor dem Verkauf auf Abschluss programmieren ▪ Konsequent sein ▪ Abschluss-Kick setzen	

Eine der Grundannahmen dieses Buchs ist, dass wir Menschen unterschiedlich ticken. „Ja, *was denn sonst?*" Vielleicht geht Ihnen so etwas in der Art gerade durch den Kopf?! Aber handeln wir auch wirklich immer so?

„Behandle andere Menschen so, wie du behandelt werden willst!" Die Goldene Regel

Vermutlich kennen Sie dieses alte Sprichwort. Wie passt das jetzt zusammen? Ganz einfach: Wenn wir andere so behandeln, wie wir selbst behandelt werden wollen, dann gehen wir davon aus, dass der andere genauso tickt wie wir. Aber stimmt das wirklich? Mit der Lösung dieser Frage werden wir uns in diesem Buch befassen.

Werkzeuge für die Praxis

Ich möchte Sie vorwarnen: Sie werden von mir keine neuen bahnbrechenden wissenschaftlichen Erkenntnisse vermittelt bekommen. Das ist nicht mein Anspruch. Ich möchte Ihnen mit diesem Buch Werkzeuge an die Hand geben, die in der Praxis funktionieren. Werkzeuge, die auch bei mir funktioniert haben. Diese Werkzeuge können Sie im B-to-B- und im B-to-C-Bereich anwenden. Sie werden immer wieder auf konkrete Beispiele stoßen, die Ihnen dabei helfen, das Gelesene in die Praxis zu übertragen.

Die Transferleistung zu Ihrer Branche und Ihrem Produkt kann ich Ihnen aber nicht abnehmen. Möchte ich auch nicht.
Meine Formulierungsbeispiele haben nur demonstrierende Funktion. Ich bin kein Freund von auswendig gelernten Verkaufsfloskeln. Jede Situation ist anders – und jeder Mensch auch. Mir ist es wichtig, dass Sie den (psychologischen) Hintergrund meiner Beispiele verstehen und damit Ihre eigenen Formulierungen entwickeln können. Formulierungen, die zu Ihnen und zu Ihrem Stil passen.

Viel Erfolg beim Haijagen!

Katja Porsch
www.katja-porsch.de

Step 1:
Das Haifischbecken

„Vertrieb ist doch ein einziges Haifischbecken."

„Fressen oder gefressen werden!"

„Wir als kleine Firma haben doch gar keine Chance gegen die Großen."

„Alles geht doch eh nur noch über den Preis."

Kommen Ihnen solche Aussagen bekannt vor? Mir begegnen sie immer wieder. Von Unternehmern, Verkäufern, Vertriebsleuten und Führungskräften. Gedanklich ergänze ich dann: „Okay, und früher war sowieso alles viel einfacher."

Ist das wirklich so? Gleicht das Vertriebs- und Verkaufsleben oft einem einzigen Haifischbecken? Geht es wirklich darum zu jagen? Geht es um fressen oder gefressen werden?

Vielleicht *glauben* wir nur, dass wir in einem Haifischbecken sind. Vielleicht *glauben* wir nur, dass wir kämpfen müssen. Vielleicht sind um uns herum gar keine Haie. Vielleicht sind es nur kleine Heringe, die wir zu Haien gemacht haben. Und überhaupt: Wer zwingt uns, in dem Becken zu bleiben? *Wir entscheiden!*

Hai oder Hering?

1.1 Sturz vor der Ziellinie

Der Startschuss fällt. Bald setzen sich die ersten beiden Radfahrer ab. Sie führen das Feld an. Es geht in die letzte Kurve. Müller liegt vorne. Die Zielgerade kommt. Müller führt noch immer, aber Schmidt bleibt dran. Noch 20 Meter bis zum Ziel. Müller ist nach wie vor vorne. Er reißt die Arme hoch. Jubelt. Sein Rad kommt ins Straucheln. Müller verliert das Gleichgewicht. Er stürzt, liegt am Boden. Schmidt überholt. Müller rappelt sich auf, packt sein Rad. Schmidt ist im Ziel. Müller schiebt sein Rad enttäuscht über die Ziellinie.

Gewonnen wird am Schluss!

Dumm gelaufen! Gewonnen wird nun mal am Schluss. Als Hai ins Rennen gegangen und als Hering wieder rausgekommen. Kommt Ihnen die eben beschriebene Situation bekannt vor? Sie sind mit Ihrem Kunden im Verkaufsgespräch. Sie beraten ihn. Sie arbeiten Angebote aus, führen Preisverhandlungen, geben Rabatte. Sie fahren das Rennen. Sie glauben, Ihr Kunde kauft. Und kurz vor der Ziellinie, kurz vor dem Abschluss, legen Sie sich auf die Klappe. Sie stürzen.

Ihr Kunde hat es sich auf den letzten Metern noch anders überlegt und kauft bei der Konkurrenz. Dort war der Preis besser. Der Deal ist geplatzt. Oder das Projekt, an dem Sie mit Ihrem Team die letzten Monate hart gearbeitet haben, ist gescheitert. Blöderweise kurz vor der finalen Unterschrift. Oder der Partner, mit dem Sie sich in der letzten Zeit getroffen haben, verabredet sich plötzlich mit jemand anderem. Dabei haben Sie sich schon vor dem Altar gesehen. Dumm gelaufen.

Wie oft fahren wir ein Rennen und legen uns dann kurz vor dem Ziel auf die Klappe? Wie oft sitzen wir mit unseren Kunden am Tisch, beraten, machen und tun. Wir sehen uns schon im Ziel und hören dann: „Vielen Dank für Ihre Beratung. Aber ich nehme erst einmal Abstand von Ihrem Angebot." Oder: „Das war wirklich eine sehr gute Beratung, aber ich muss noch eine Nacht drüber schlafen."

Es macht doch keinen Spaß, ein Rennen zu fahren, wenn wir uns kurz vor dem Ziel auf die Klappe legen. Es macht doch keinen Spaß, unsere wertvolle Zeit und Energie, unser Know-how und unser Geld zu investieren, wenn am Ende ein Kunde mit Schlafmangel vor uns sitzt. Wäre es nicht schön, wenn uns das zukünftig nicht mehr passiert und wir sicher ins Ziel kommen? So oft wie möglich?!

Sicher ins Ziel!

Übung 1.1:

Denken Sie an Ihre ersten Verkaufsgespräche zurück.
Wie haben Sie sich damals gefühlt, als Ihr Kunde nicht gekauft hat?

_____

_____

_____

Was fühlen Sie, wenn Ihnen heute so etwas passiert?

_____

_____

_____

Kennen Sie Ihre Quoten? Wie hoch ist Ihre Abschlussquote?
1 : ?

_____

Tut es noch weh?
Können Sie sich vorstellen, dass der Radfahrer sich nach dem Sturz auf der Zielgeraden schwarzgeärgert hat? Sicher wird er alles dafür tun, dass ihm dieser Fehler so schnell nicht noch einmal passiert!

In dem Moment, in dem wir scheitern, in dem uns etwas wehtut, unternehmen wir alles, um nicht noch einmal in diese Situation zu kommen. Scheitern wir aber öfter, tritt genau das Gegenteil ein. Wir gewöhnen uns daran. Irgendwann akzeptieren wir es einfach. Vielleicht glauben wir sogar, dass es so sein muss.

Stellen Sie sich vor, der Radfahrer würde bei jedem zweiten Rennen kurz vor der Ziellinie stürzen. Irgendwann würde er wahrscheinlich aufgeben und denken: „Ich kann es eben nicht. Das Scheitern gehört halt einfach dazu!" Der Sturz tut ihm dann nicht mehr so weh.

Glück oder Gewohnheit? Wie ist das bei Ihnen im Verkauf? Schauen Sie sich Ihre Antworten aus der Übung 1.1 noch einmal genauer an. Haben Sie heute noch die gleichen Emotionen wie am Anfang Ihrer Verkäuferzeit, wenn ein Kunde nicht kauft? Oder ist bei Ihnen vielleicht schon ein Gewohnheitseffekt eingetreten? Haben Sie noch das Gefühl, kurz vor dem Ziel gestürzt zu sein, wenn ein Kunde nicht unterschreibt? Oder haben Sie sich mittlerweile damit abgefunden? Glauben Sie, das gehört halt einfach dazu?

Wenn uns Dinge nicht mehr wehtun, wenn es uns nicht mehr ärgert, wenn ein Kunde nicht kauft, dann wird es schwer. Das heißt: Wir machen es uns selber schwer. Wir akzeptieren, dass wir kurz vor der Ziellinie stürzen. Es tut uns nicht mehr weh. Warum sollten wir dann noch etwas daran ändern? Zudem haben wir auch nicht mehr dieses wahnsinnige Glücksgefühl und fühlen uns nicht mehr wie ein Sieger, wenn wir die finale Unterschrift in der Tasche haben. Das macht es uns dann gleich doppelt schwer.

Kennen Sie Ihre Abschlussquote?
Mit „kennen" meine ich „wissen". Aussagen wie: *„Meine Quote ist in etwa 1 : x."* oder: *„Ich vermute jeder dritte oder vierte Kunde kauft"* sind Schätzungen. Das hat nichts mit Wissen zu tun.

Die Abschlussquote

Wie war Ihre Antwort in Übung 1.1 auf die Frage nach Ihrer Abschlussquote?

Vielleicht wollen wir unsere Quote gar nicht wissen, weil uns das Ergebnis wehtun könnte. Damit tappen wir in unsere eigene Falle. Denn: Das *„Wehtun"* auf der einen und das *„Siegergefühl"* auf der anderen Seite sind die Grundvoraussetzungen, damit wir so oft wie möglich ins Ziel kommen. Messen Sie daher ab sofort Ihre Quoten. Machen Sie sich bewusst, wie oft Ihre Kunden nicht kaufen. Machen Sie sich aber auch bewusst, wie oft Ihre Kunden kaufen. Wie oft Sie ins Ziel kommen. Und wenn Sie im Ziel sind, dann jubeln Sie bitte auch. Feiern Sie jeden Abschluss. Das haben Sie sich verdient!

Wenn wir ins Ziel kommen wollen, dann müssen wir uns bewusst machen: Jeder Kunde, der nicht kauft, ist ein Sturz vor der Ziellinie. Und: Jeder Kunde, der kauft, ist ein Sieg!

1.2 Ausreden

Seit ich im Vertrieb unterwegs bin, höre ich, dass die Rahmenbedingungen schwieriger und das Verkaufsleben härter geworden ist. Das heißt: Seit dem Jahr 2000, in dem ich im Vertrieb angefangen habe, geht es für Verkäufer steil bergab. Glauben Sie das auch?

Übung 1.2:

Denken Sie bitte kurz über die folgende Frage nach:
Was macht Ihnen Ihr Leben als Verkäufer schwer?
Notieren Sie fünf Antworten, die Ihnen spontan einfallen:

_____

_____

_____

_____

_____

Die Ego-Falle Wir kommen später noch einmal auf diese Übung zurück. Bevor wir uns aber damit befassen, was uns das Leben schwer macht, schauen wir uns zuerst an, womit wir uns das Leben vielleicht selbst schwer machen. Können Sie sich vorstellen, dass viele Dinge eigentlich ganz einfach sind und wir sie erst kompliziert machen? Kann es sein, dass wir uns manchmal selbst im Weg stehen – und nicht die anderen?!

Nehmen wir wieder unseren Radfahrer. Sicher stimmen Sie mir zu, dass er als Erster ins Ziel wollte? Dass er gewinnen wollte? Woran ist er gescheitert, als er kurz vor der Ziellinie die Arme hochgerissen und gejubelt hat? An seinem *Ego*!

Wer ist schuld? Unser Ego – einer meiner Lieblingsfallstricke im Verkauf. Wir haben oft zu viel davon oder zu wenig. Ein Leben mit einem geringen Ego ist echt anstrengend; mit einer Überdosis ist es aber auch nicht besser! Wir brauchen die richtige Dosierung.

Wie ist es bei Ihnen? Gab es in Ihrem Leben die eine oder andere Situation, in der Ihnen Ihr Ego im Weg stand? Haben Sie vielleicht auch schon mal jemand anderem die Schuld für etwas gegeben, das Sie verbockt haben?

Entscheidend ist nicht, ob wir etwas verbockt haben. Entscheidend ist, wie wir damit umgehen. Wie gehen wir mit Niederlagen um? Seit meiner Kindheit habe ich immer alles versucht, um die Schuld von mir zu schieben. Ich wollte nicht diejenige sein, die mit dem Ball die Glasscheibe des Nachbarn zerschossen hat. Ich wollte nicht diejenige sein, die in der Schule abgeschrieben hat. Ich wollte nicht diejenige sein, die ihr Studium abgebrochen hat und ihrer Mutter mit 23 Jahren noch auf der Tasche lag. Ich war ja auch gar nicht schuld. Nicht ich habe es verbockt, sondern die anderen!

Sündenbock gesucht

Genauso wenig wollte ich diejenige sein, die einen Verkauf in den Sand gesetzt hat. Die den Kunden nicht gekriegt hat. Die in Preisverhandlungen gescheitert ist. Nicht ich war schuld, sondern der Kunde. Oder das Produkt. Oder der Markt. Oder ganz einfach die Umstände.

Vertriebsleiter: *„Warum haben die Kunden die Wohnung nicht gekauft?"*
Verkäufer: *„Sie wollten ja. Sie waren auch super zufrieden mit meiner Beratung. Aber dann hatte ich plötzlich keine Chance mehr."*
Vertriebsleiter: *„Was ist passiert?"*
Verkäufer: *„Ja, stell dir vor, der Schwager meiner Kunden hat einen Zeitungsbericht gelesen. Da stand drin, wie viel Schindluder mit Kapitalanlagen getrieben wird. Das hat meine Kunden total verunsichert. Was sollte ich da noch machen?"*

(Beispiel)

Klar, die Umstände waren schuld!

Verkäufer: *„Das kann ich dir erklären. Ich telefoniere und telefoniere, aber keiner will einen Termin. Kein Wunder, die Leute werden ja auch jeden Tag zigmal angerufen. Wenn ich schon der zehnte Anrufer bin, hab ich einfach keine Chance. Früher hat Kaltakquise vielleicht noch funktioniert. Aber heute geht das nicht mehr. Die Zeiten haben sich eben geändert."*

Klar, die Umstände waren schuld!

Scheitern vor-programmiert!

Kommen Ihnen diese Dialoge bekannt vor? Ich habe sie in der einen oder anderen Variante zigmal gehört und geführt. Im Jahr 2000 habe ich in Berlin im Vertrieb begonnen. Meine ganze Ausrüstung zum Vertriebsstart bestand aus einem Telefonbuch, einem Telefon und einem Leitfaden. Und dann ging es los mit der Kaltakquise. Keine Ahnung, wie oft ich damals und in den kommenden Jahren gehört habe: *„Kaltakquise funktioniert nicht mehr!"* Das eigentlich Schlimme an dieser Aussage: Die Verkäufer, die das gesagt haben, haben das auch wirklich geglaubt. Und insofern hatten sie recht. Kaltakquise hat bei *ihnen* dann tatsächlich nicht funktioniert. Schuld war aber nicht die Akquisemethode. Schuld waren die Akquisiteure. Oder besser: Schuld waren ihr Fokus und ihre negative Einstellung zur Kaltakquise. Dadurch war das Scheitern vorprogrammiert.

Wer übernimmt schon gerne die Schuld?

Achtung: Ego!
Mal ehrlich: Haben wir nicht alle schon mal jemandem die Schuld gegeben, obwohl wir insgeheim wussten, dass wir es waren, der die Nummer verbockt hat? Ich denke, jedem von uns stand schon das eine oder andere Mal sein Ego im Weg. Aber dazu kommen wir später ... Jetzt geht's erst wieder zurück zu unserem Radrennen:

Der Radfahrer kommt abends nach Hause und berichtet seiner Frau von dem missglückten Rennen. Glauben Sie, er sitzt kleinlaut da und erzählt: „Das Rennen hab ich total vergeigt. Auf den letzten Metern stand mir mein Ego total im Weg!"? Oder sagt er eher: „Das war echt ein super Rennen! Ich habe die ganze Zeit geführt! Aber weißt du, was dann passiert ist? Kurz vor der Ziellinie lag da plötzlich dieser ganze Rollsplitt. Genau vor meinem Vorderrad. Ich hatte einfach keine Chance ..."? Beispiel

Wer übernimmt schon gerne die Schuld?

Wie hätten wir in dieser Situation reagiert? Was machen wir, wenn etwas in die Hose geht? Ziehen wir uns den Schuh an oder suchen wir lieber den Rollsplitt? Stehen wir mit breiter Brust vor unserem Chef und erklären, dass wir gerade den kompletten Jahresumsatz vergeigt haben? Oder fallen wir lieber in den „Ja-aber-Modus"?

Kennen Sie den „Ja-aber-Modus"?   Aber, aber,
- „Also, ich hab das ja nicht verbockt, aber ..."   aber ...
- „Mein Kunde wollte ja unterschreiben, aber ..."
- „Ich hätte das natürlich anders gemacht, aber ...".

Das Prinzip ist einfach: Zuerst stellen wir klar, dass wir es nicht verbockt haben. Anschließend betreiben wir Ursachenforschung und suchen den Rollsplitt. Schauen Sie sich einfach Ihre Antworten aus der Übung 1.2 noch einmal an. Stehen da eher Rollsplitt-Gründe oder auch Dinge, die Sie betreffen?

In meinem Leben gab es eine Zeit, da hätte ich ganze Lagerhallen mit Rollsplitt füllen können. Und dann hätte mich genau dieser Rollsplitt fast meine komplette Existenz gekostet: Plötzlich pleite!

Der Fall!
Es ist ein Montagnachmittag im August. Ich sitze in meinem Büro in Berlin und bereite mich auf meine Kunden vor. Mein Job damals: den Immobilienvertrieb leiten, Verkäufer aus- und weiterbilden, neue Vertriebspartner akquirieren, bei schwierigen Kunden Feuerwehr spielen und Beispiel

1.2 Ausreden

die Abschlussgespräche führen. Ich fand das cool. Meine Welt war in Ordnung.

Plötzlich ging meine Bürotür auf, und mein Chef kam herein. Er setzte sich auf den Besucherstuhl an der gegenüberliegenden Seite meines Schreibtischs und meinte: „Frau Porsch, wir sind pleite!"

Dann herrschte Schweigen. 21, 22 ,23 ... Können Sie sich vorstellen, dass ich erst mal gar nicht begriffen habe, was mein Chef da gerade zu mir gesagt hatte?

Irgendwann fragte ich zurück: „Wie pleite? Was heißt das? Wie konnte das passieren?!"

Das Nächste, das mir durch den Kopf schoss: „Was ist mit meinem Geld?!" Ich hatte zu diesem Zeitpunkt den Großteil meiner Provisionseinnahmen aus dem Vorjahr im Unternehmen. Mein Chef hatte mich einige Zeit zuvor gebeten, das Geld vorerst in der Firma zu lassen, da der Laden in einer leichten Schieflage steckte. Ich wollte der Firma helfen, also habe ich mein Geld dringelassen. Dummer Fehler!

Nach einer kleinen Ewigkeit fragte ich meinen Chef: „Und was ist mit meinem Geld?" Er meinte nur: „Was soll ich groß sagen? Es ist vorbei. Ihr Geld ist weg!"

Wumms, da lag ich! Wie unser Radfahrer – kurz vor dem Ziel gescheitert.

Und was habe ich gemacht? Ich habe den Rollsplitt gesucht. Gründe, warum mir das passiert ist. Ausreden, wie ich in diese Situation kommen konnte. Und dann habe ich das Schicksal und die Umstände beklagt. Das konnte doch nicht sein, dass mir so etwas passiert. Den anderen, ja klar. Aber doch nicht mir!

Ich konnte und wollte mir einfach nicht eingestehen, dass ich mich in so eine Lage gebracht hatte. Dass ich womöglich selbst schuld an meiner jetzigen Situation und meiner Misere war. Mein Ego setzte sich zur Wehr.

Die anderen sind schuld!
Vielleicht ist Ihnen das ja auch schon mal passiert. Sie bauen Mist – und in dem Moment, in dem Ihnen das bewusst wird, ist sie auch schon da: die Rechtfertigungshaltung! Völlig automatisch. Aber auch nachvollziehbar. Das Ganze nennt man Selbstschutz. Wir wollen keine auf den Deckel kriegen. Wie oft erlebe ich das: Irgendwas ist schiefgelaufen. Ein wichtiger Kunde ist abgesprungen, der Umsatz ist zurückgegangen, der beste Mitarbeiter hat gekündigt ... Und dann? Dann wird Ursachenforschung betrieben. Wie konnte das passieren? Wer hat es verbockt? Schließlich kommt raus: Der Mitarbeiter ist schuld. Er hat es nicht geschafft, den Kunden zu halten. Oder der Chef ist schuld. Bei dem hat es ja noch keiner lange ausgehalten. Oder der Markt ist schuld. War ja klar, bei der heutigen Wirtschaftslage hat man einfach keine Chance.

Reiner Selbstschutz

Im Laufe der Jahre habe ich festgestellt: Jede Branche und die meisten Unternehmen haben ihr Lieblingsfeindbild. Ein bestimmtes Feindbild haben übrigens alle gemeinsam. Egal, in welchem Land oder in welcher Branche: Das allgegenwärtige Feindbild heißt – *die anderen*! Sehr beliebt als Sündenbock sind auch *die Umstände*. Wenn wir uns genug Mühe geben, finden wir unsere Schuldigen. Und: Wie sieht es bei Ihnen aus? Wer oder was ist Ihr liebstes Feindbild?

Das Lieblingsfeindbild

Fragen Sie sich gerade, was das alles mit dem Verkaufen zu tun hat? Dann kann ich nur sagen: eine ganze Menge! Wenn wir den Rollsplitt suchen, mag das super für unser Ego sein. Es ist aber enorm schlecht für unsere Verkaufsquoten. In dem Moment, in dem wir uns auf den Rollsplitt konzentrieren, helfen uns die besten Verkaufswerkzeuge nicht mehr weiter. Die stärksten Abschlusstechniken bringen uns nichts mehr. Wir haben den falschen Fokus. Wir werden vor der Ziellinie stürzen.

1.3 Der Fokus entscheidet

 Übung 1.3:

Überlegen Sie sich zwei Situationen in Ihrem Leben, privat oder geschäftlich, bei denen Sie rückblickend sagen würden: „Da bin ich gescheitert!" Was sind die Gründe? Wie haben Sie sich damals gefühlt? Worauf lag Ihr Fokus? Wie haben Sie sich verhalten, als Ihnen klar wurde, dass Sie es vermasselt haben?

_____

_____

_____

_____

Pleite, na und! Ist es peinlich, über das Scheitern zu reden? Ich habe das Gefühl, es schickt sich in unserer Gesellschaft nicht, über Niederlagen zu reden. Pleite? Um Gottes willen! Wie konnte dir das nur passieren. In Amerika ist das etwas ganz anderes. Da gehört Scheitern dazu. Man hat etwas probiert, und es hat nicht funktioniert – so what?! Diese Einstellung kommt mir sehr entgegen.

Scheitern ist doch nicht schlimm. Schlimm ist höchstens das, was wir daraus machen. Wie wir damit umgehen. Ich persönlich kenne wenige Menschen, die nur aus ihren Erfolgen gelernt haben und allein dadurch an die Spitze gekommen sind. Ganz im Gegenteil! Ist es nicht eher so, dass wir vor allem aus unseren Niederlagen lernen? Nehmen wir den Sport: Es gibt keinen Sportler, der noch nie hingefallen ist. Aber jeder Profi weiß: Hinfallen gehört dazu. Er reflektiert, wo der Fehler war. Dann sieht er zu, dass ihm so was nicht noch einmal passiert.

Ein Verkauf darf scheitern

Und im Verkauf? Ist es da nicht genauso? Gehört das „Nein" nicht dazu? Gehört es nicht dazu, dass Deals krachen, Projekte scheitern oder Unternehmen auch mal pleitegehen? Scheitern ist für mich *die Chance*, die Dinge zukünftig besser zu machen. Es ist eine weitere Lektion auf dem Weg zum Erfolg. Oder zum Ziel. Klar tut es weh, wenn wir kurz vor der Ziellinie stürzen. Und wie wir mittlerweile wissen, ist es auch gut, dass es wehtut. Verleugnen bringt uns nicht weiter. Entscheidend ist, worauf unser Fokus liegt, wenn wir am Boden sind. Wie wir damit umgehen. Ob wir liegen bleiben oder wieder aufstehen.

Das Nein gehört dazu!

Scheitern muss wehtun. Aber es ist die Chance und der Impuls, die Dinge in Zukunft besser zu machen.

Mein Geld war weg. Ich lag am Boden. Und nun? Ich wollte das nicht akzeptieren. Deshalb habe ich überlegt, wie ich das verhindern kann. Mein Fokus war: „Du darfst dein Geld nicht verlieren. Du darfst dein Gesicht nicht verlieren. Was werden die Leute sagen? Lass dir was einfallen!" Und das habe ich – ich habe das Unternehmen übernommen.

Mir war klar, wenn meine Provisionsforderungen aus der Bilanz der Firma raus sind, ist sie nicht mehr überschuldet. Nicht mehr überschuldet heißt: Wir können weitermachen. Weitermachen heißt: Ich habe die Möglichkeit, mir mein Geld auf anderem Weg zurückzuholen. Also wurde ich Geschäftsführer und Gesellschafter und habe meine eigenen Forderungen aus der Firmenbilanz ausgebucht. So schnell wird man Unternehmer.

Ich glaubte, ich hätte das alles clever gelöst. Das Blöde war nur: Die Firma war noch immer überschuldet – das habe ich nicht gesehen. Das Blöde war außerdem: Mit der Geschäftsführung hab ich auch gleich die komplette Haftung übernommen – auch das hab ich nicht gesehen. Und das Blöde ist: Wenn wir etwas nicht sehen wollen, wird es meistens schlimmer!

1.3 Der Fokus entscheidet

Sündenböcke bringen nichts! Und es wurde schlimmer. Es kamen immer mehr Leichen aus der Vergangenheit hoch. Ich konnte nachts nicht mehr schlafen – und ich konnte nicht mehr verkaufen. Ich lag immer noch am Boden. Was sollte ich machen? Aufgeben? Auf gar keinen Fall! Mir eingestehen, dass ich Mist gebaut hatte? Niemals! Also habe ich den Rollsplitt gesucht – und gefunden. Als Erstes war mein Chef dran. Wie konnte er mir diese Firma bloß verkaufen? Anschließend waren meine Verkäufer an der Reihe. Warum haben sie nicht einfach mehr Umsatz gemacht? Danach waren die Banken verantwortlich. Warum haben sie nicht mehr meiner Kunden finanziert? Und dann hatte ich auch noch die Umstände als Sündenbock. Warum musste es ausgerechnet jetzt so viel Negativpresse über Kapitalanlageimmobilien geben? Sie sehen, ich hatte meine Schuldigen. Aber es hat nichts gebracht. Ganz im Gegenteil!

Das Handeln folgt dem Fokus Wie reagieren wir, wenn etwas schiefläuft? Wo liegt unser Fokus? Schauen Sie sich Ihre Antworten aus der Übung 1.3 noch einmal an. Wo lag Ihr Fokus? Auf den Dingen, die nicht funktioniert haben? Auf den Menschen oder den Umständen, die Sie für den Fehler verantwortlich gemacht haben? Oder lag Ihr Fokus auf Ihnen selbst und darauf, was Sie zukünftig aus Ihren Fehlern lernen können? Haben Sie nach vorne geschaut oder eher nach hinten? Haben Sie den Rollsplitt gesucht oder haben Sie sich den Schuh angezogen? Haben Sie mit sich und Ihrem Schicksal gehadert oder haben Sie die Dinge angenommen und akzeptiert?

Übung 1.4:

Ein wichtiger Hinweis vorab: Lesen Sie bitte alles genau durch und beginnen Sie erst danach mit der praktischen Umsetzung dieser Übung. Oder nehmen Sie Ihren Partner oder einen Kollegen zu Hilfe, der Ihnen die entsprechenden Regieanweisungen gibt. So können Sie sich voll und ganz auf die Umsetzung konzentrieren.

Stehen Sie auf, und strecken Sie Ihren linken Arm waagerecht aus. Ihr Zeigefinger zeigt nach vorne, die anderen Finger sind zur

Faust geschlossen. Fixieren Sie Ihre Zeigefingerspitze. Drehen Sie sich nun mit Ihrem Oberkörper so weit nach links hinten, bis Sie nicht mehr weiter können. Halten Sie in dieser Position inne. Fixieren Sie dann einen Punkt etwa einen halben Meter links von Ihrem Zeigefinger. Kommen Sie wieder in die Ausgangsposition zurück. Schließen Sie Ihre Augen. Denken Sie an den Punkt, den Sie gerade fixiert haben. Strecken Sie nun (allerdings nur in Gedanken) Ihren Arm wieder waagerecht aus, Ihr Zeigefinger zeigt wieder nach vorn. Spielen Sie das ganze Prozedere gedanklich noch mal durch. Mit geschlossenen Augen. Sie drehen sich mit Ihrem Oberkörper nach links hinten. Sie drehen sich weiter und weiter. Sie erreichen den Punkt, an dem Sie eben nicht weiterkamen. Sie denken an Ihren vorher fixierten Punkt – einen halben Meter weiter links. Jetzt merken Sie, wie Sie sich weiter drehen können. Plötzlich sind Sie mit Ihrem Zeigefinger genau vor Ihrem Fixpunkt. Sie sind im Ziel. Nun kommen Sie wieder langsam nach vorne zurück. Öffnen Sie die Augen. Das war's! Sind Sie bereit für die Übung? Also, los geht's!

Was wollen wir sehen?
Haben Sie es bemerkt? In dem Moment, in dem wir einen halben Meter weiter schauen können, können wir uns auch einen halben Meter weiter bewegen. Unser Handeln folgt dem Fokus. Was passiert also, wenn wir andere Menschen oder die Umstände für unsere Situation verantwortlich machen? Zuerst sind wir wahrscheinlich erleichtert. Jetzt wissen wir: Wir haben die Nummer nicht verbockt, das war jemand anderes. Aber womit befassen wir uns jetzt? Worauf liegt unser Fokus? Vermutlich auf den anderen. Auf dem Rollsplitt. Und damit tappen wir in unsere eigene Falle. Unser Handeln folgt – oft ganz unbewusst – unserem Fokus.

Achtung: Falle!

Willkommen im Rollsplitt-Modus!
Denken Sie, es ist sinnvoll, dass wir unsere Energie und unsere Kraft in Rollsplitt investieren?

1.3 Der Fokus entscheidet

Worauf lag denn der Fokus des Radfahrers? Wahrscheinlich nicht auf der Ziellinie. Sonst wäre er da auch angekommen. Worauf lag mein Fokus? Wahrscheinlich nicht auf der Tatsache, dass ich eine platte GmbH gekauft hatte. Vielmehr lag er auf meinen Schuldigen und auf meinem Ego. Und genau darüber bin ich gestolpert.

Übertragen wir das einmal auf den Verkauf. Was passiert, wenn wir im Verkauf nur den Rollsplitt sehen, den zu teuren Preis unseres Produkts, die Konkurrenz, die uns das Leben schwer macht, die widrigen Umstände ...? Dann werden wir den richtigen Köder, der uns zum Abschluss führen würde und der vielleicht nur einen halben Meter weiter links liegt, nicht wahrnehmen. Wir werden am Rollsplitt scheitern und in Preis- und Konkurrenzkämpfen untergehen.

Alles voller Probleme!

Probleme oder Lösungen? Wenn wir vor uns nur noch Probleme sehen, werden wir die Lösung direkt daneben nicht wahrnehmen. Vielmehr werden wir an unserem eigenen Problemkonstrukt scheitern. Vielleicht kennen Sie den beliebten Satz aus diversen Meetings: *„Ja, aber das Problem ist ..."* Willkommen im Rollsplitt-Modus!

Bestimmt denken Sie jetzt: *„Moment mal, das ist ja alles leicht gesagt. Frei nach dem Motto: Konkurrenzkämpfe, Umsatzdruck und Preisdruck gibt es nicht. Wir müssen nur einen halben Meter weiter links schauen. Total einfach, wenn man nicht in der Situation steckt. Da soll sie mal in mein Unternehmen kommen und sich mal auf meinen Stuhl setzen. Da soll sie mal ein Jahr lang meinen Job machen. Dann wird sie schon sehen. Und überhaupt: In anderen Branchen mag das vielleicht noch funktionieren, aber doch nicht bei uns. Bei uns ist das ganz anders ..."*

Ich bin immer wieder überrascht, dass sich die meisten Unternehmen, so unterschiedlich sie auch sein mögen, in einem einig sind: Bei ihnen ist alles anders. Der Markt, die Branche, das Kundenverhalten, die Mitarbeiter ... Mag sein. Ich behaupte ja auch nicht, dass es in Ihrer Branche oder in Ihrem Unternehmen keinen Umsatz-, Konkurrenz- oder Preisdruck gibt. Die Frage ist nur, wie Sie damit umgehen und wo Ihr Fokus liegt.

Unser Handeln folgt dem Fokus. Sehen wir nur den Rollsplitt, brauchen wir uns nicht zu wundern, wenn wir kurz vor dem Abschluss darüber stolpern.

1.4 Wir bekommen, was wir erwarten

Übung 1.5:

Was sehen Sie auf diesem Bild. Schreiben Sie alles auf, was Sie zu erkennen glauben.

Bild von William Ely Hill

_____

_____

_____

_____

Sie entscheiden! Vielleicht sehen Sie eine alte Frau. Vielleicht sehen Sie aber auch eine junge Frau. Oder beides. Oder etwas ganz anderes. Was auch immer Sie sehen, es ist alles da. Sie entscheiden, was Sie wahrnehmen. Aber was bedeutet das im Hinblick auf den Verkauf? Nehmen wir an, Ihr Verkaufsgespräch ist gescheitert. Der Deal ist geplatzt. Was sehen Sie jetzt? Die einen sehen den Preisdruck, die anderen den Konkurrenzdruck. Die einen sehen das Problem, die anderen sehen die Lösung. Die einen sehen den Rollsplitt, die anderen sehen die Ziellinie. Es ist alles da. Entscheidend ist, was wir sehen wollen.

- *„Bei dem Preis haben wir keine Chance."*
- *„Kein Wunder, die Konkurrenz bietet das viel billiger an."*
- *„Es geht doch heute sowieso alles über den Preis."*
- *„Geiz ist geil."*
- *„Die Kunden lassen sich von uns beraten und kaufen dann im Internet."*
- *„Eine wirklich gute Beratung weiß doch heute keiner mehr zu schätzen."*
- *„Wir als kleines Licht auf dem Markt haben doch keine Chance gegen die Großen."*

Wir sehen, was wir sehen wollen

Was ist Ihr Rollsplitt? Kommen Ihnen solche Aussagen bekannt vor? Mal angenommen, Sie würden so denken. Sie wären davon überzeugt, dass der Preis der Hauptgrund dafür ist, dass Ihre Kunden nicht bei Ihnen, sondern bei der Konkurrenz kaufen. Wo liegt dann Ihre Aufmerksamkeit im Verkauf? Worauf liegt Ihr Fokus? Auf dem Preis, oder? Woran werden Sie also denken, wenn Sie mit Ihrem Kunden am Verhandlungstisch sitzen? Wahrscheinlich an den Preis. Denn: Unser Handeln folgt dem Fokus. Und schon finden Sie sich in genau den Preiskämpfen wieder, die Sie gar nicht wollten. Das Paradoxe daran: Sie haben sich selbst da reingebracht. Sie sind in Ihre eigene Falle getappt.

Wir entscheiden, was wir sehen wollen. Wir entscheiden, worauf unser Fokus liegt. Das Einzige, was ich damals sehen wollte, waren Dinge wie: „*Mein Geld ist weg. Ich habe ein Jahr lang umsonst gearbeitet. Wir müssen schließen. Was werden meine Vertriebspartner sagen? Meine Existenz ist zerstört. Ich bin pleite ...*" So in etwa war mein damaliger Fokus. Ich habe gedacht, ich bin im Haifischbecken. Und ich habe gedacht, ich muss kämpfen. Dass da vielleicht gar keine Haie waren, dass um mich herum vielleicht nur Heringe waren, die ich zu Haien gemacht habe, indem ich ihnen die Macht über mich gegeben habe, habe ich nicht gesehen.

Der Tunnelblick macht blind!
Dass ich meine Forderungen gegen einen riesigen Schuldenberg eingetauscht habe, habe ich aus meinem damaligen Fokus heraus nicht gesehen. Dass es sinnvoller gewesen wäre, auf das Geld zu verzichten und zu akzeptieren, dass es vorbei ist, habe ich aus meinem damaligen Fokus heraus nicht gesehen. Dass es das einzig Richtige gewesen wäre, dieses Haifischbecken einfach zu verlassen, habe ich nicht gesehen. Ich habe nur den Rollsplitt gesehen. Den Lösungsweg einen halben Meter weiter links, den ich auch hätte gehen können, habe ich nicht wahrgenommen. Aus meinem damaligen Fokus heraus gab es keine Perspektiven. Ich hatte meinen Tunnelblick und habe mich immer weiter eingegraben.

Der Tunnelblick

Die sich selbst erfüllende Prophezeiung
Die Zeit damals war hart. Aber ich habe auch etwas aus ihr gelernt. Über Erfolg und Misserfolg entscheiden nicht die Umstände. Auch nicht im Verkauf. Es ist nicht entscheidend, ob der Markt gerade schwierig ist. Oder ob unsere Branche gerade mit Negativschlagzeilen in der Presse zu kämpfen hat. Oder ob der Wettbewerb bessere Konditionen hat. Nicht die Umstände entscheiden über unseren Verkaufserfolg, sondern das, was wir daraus machen. Letztlich kommt es immer darauf an, worauf unser Fokus liegt.

Erfolg und Wahrnehmung

Haben Sie schon mal erlebt, dass ein und dieselbe Situation von den Beteiligten komplett unterschiedlich wahrgenommen wird? Haben Sie sich mit Ihrem Partner schon mal so richtig gezofft?

Haben Sie dann auch schon erlebt, dass jeder im Nachhinein eine komplett andere Erinnerung an den Streit hatte? Und jeder war felsenfest davon überzeugt, dass es genau so gewesen ist, wie er es in Erinnerung hatte? War es auch! Sie beide hatten aus Ihrer Wahrnehmung heraus recht. Je nach Wahrnehmung haben Sie dann weiter gehandelt. Nicht die Situation war verantwortlich für das, was danach passiert ist, sondern das, was Sie aus der Situation gemacht haben.

Die Macht der Erwartung
Wenn Sie glauben, Sie sind den ganzen Tag von Vollidioten umgeben, dann werden Sie diese Vollidioten auch den ganzen Tag sehen. Und Sie können sicher sein: Die Vollidioten werden jede Menge Blödsinn liefern. Wenn Sie glauben, Sie sind im Haifischbecken und ständig von Haien umgeben, dann werden Sie diese Haie auch sehen. Und Sie können sicher sein: Die Haie werden Sie fressen! Hinter dieser Logik steht die Macht der Erwartung:

Was erwarten Sie?

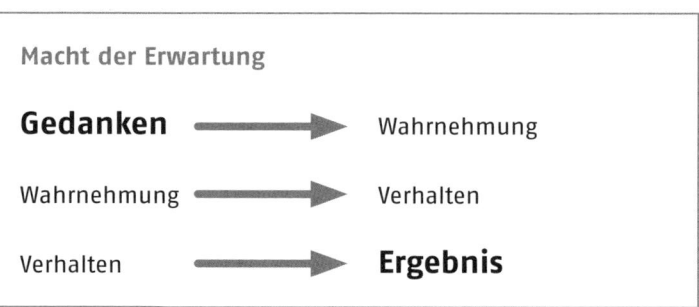

Alles beginnt bei unseren Gedanken. Unsere Gedanken sind verantwortlich für unsere Wahrnehmung. Unsere Wahrnehmung steuert unser Verhalten und unser Verhalten ist verantwortlich für das Ergebnis. Auf den Punkt gebracht: Wir bekommen, was wir erwarten.

Übung 1.6:

Überlegen Sie sich zwei berufliche Situationen, in denen Sie Ihr Ziel nicht erreicht haben. Vielleicht eine Verhandlung, die Sie verloren haben, ein Meeting, das eskaliert ist, oder ein Kunde, den Sie nicht bekommen haben.

Was waren Ihre Gedanken und Erwartungen vor diesen Terminen? Worauf lag Ihr Fokus? Notieren Sie die drei primären Gefühle, die Ihnen vor diesen Situationen durch den Kopf gegangen sind.

_____

_____

_____

Überlegen Sie sich jetzt zwei Situationen, in denen Sie Ihr Ziel erreicht haben. Was waren Ihre Gedanken und Erwartungen vor diesen Terminen? Worauf lag Ihr Fokus? Notieren Sie wieder die drei primären Gefühle, die Ihnen vor diesen Situationen durch den Kopf gegangen sind.

_____

_____

_____

Worauf liegt Ihr Fokus?

Ihr Fokus bestimmt! War es schwer für Sie, sich an Ihre Gedanken, Gefühle oder Erwartungen zu erinnern? Ja? Das ist ganz normal. Oft sind uns unsere Gedanken oder Erwartungen gar nicht bewusst. Und genau hier liegt der Fallstrick. Denn: Unsere Gedanken sind verantwortlich für das Ergebnis. Sie entscheiden maßgeblich, ob wir ins Ziel kommen oder nicht.

Achten Sie also in Zukunft auf Ihre Gedanken. Wenn Sie vor einer schwierigen Verhandlung stehen oder vor einem wichtigen Verkaufsgespräch, dann machen Sie sich bewusst, was Sie denken. Machen Sie sich bewusst, worauf Ihr Fokus liegt. Und worauf er vielleicht liegen sollte.

Machen Sie sich auch bewusst, was Sie denken und fühlen, wenn eine Situation bevorsteht, auf die Sie sich freuen. Eine Situation, in der Sie sicher sind, dass alles gut geht und Sie Ihr Ziel erreichen werden. Worauf liegt Ihr Fokus jetzt? Speichern Sie diesen Zustand ab. Rufen Sie ihn immer dann wieder ab, wenn Sie vor einer brenzligen Situation stehen. Denken Sie daran: Ihr Fokus entscheidet, wo Sie ankommen.

Wir bekommen, was wir erwarten!

1.5 Sinnlose Kämpfe

Ich weiß nicht, wie oft ich mich in meinem Leben auf Kämpfe eingelassen habe, die ich *rückblickend* gar nicht gewinnen konnte. Auf Kämpfe, die völlig sinnlos und nur für eins gut waren: mir sämtliche Kräfte und Energie zu rauben.

Wie mächtig sind wir? Mal ehrlich, wie mächtig sind wir? Wie viel Einfluss haben wir auf den Markt, in dem wir uns bewegen? Auf die äußeren Umstände? Auf die Konkurrenz? Auf die fortschreitende Digitalisierung? Auf immer vergleichbarer werdende Produkte und Dienstleistungen? Auf den Preisdruck, der von der in- und ausländischen Konkurrenz ausgeübt wird? Ich denke, Sie und ich könnten diese Liste noch beliebig fortführen. Fakt ist: Alle diese Dinge können wir in der Regel nicht oder kaum beeinflussen. Und schon gar nicht kurzfristig. Wie sinnvoll ist es dann, dass wir unsere Energie und Zeit investieren, um dagegen anzukämpfen?

Der Teufelskreis
Ich bin übrigens durchaus der Meinung, dass wir alle eine sehr große Macht haben. Aber setzen wir diese Macht auch immer richtig ein? Kann es sein, dass wir uns viel zu oft auf Kämpfe einlassen, die wir ohnehin nicht gewinnen können? Dass wir uns viel zu oft auf sinnlose Rabatt-, Preis- und Konkurrenzschlachten einlassen, obwohl eigentlich klar ist, dass wir sie gar nicht gewinnen können? Wenn wir uns nicht durch eine Niedrigpreisstrategie auszeichnen, wie zielführend ist es dann, Preisdiskussionen zu führen? Was bringt es, sich darauf einzulassen und zu versuchen, dagegen zu argumentieren? Scheitern vorprogrammiert! Je öfter uns das passiert, desto mehr glauben wir, das muss so sein. Die Macht der Erwartung lässt grüßen! Wir erwarten förmlich, dass der Kunde mit uns über den Preis diskutiert und wir kurz vor der Ziellinie stürzen.

„Mein Kunde konnte gar nicht kaufen, ist ja klar bei dem Preis." Solche Sätze sind dann an der Tagesordnung. Interessant wird es, wenn ein Kunde dann plötzlich sagt, dass er kaufen will. Einfach so. Ohne Stress und irgendwelche Preisdebatten. Können Sie sich vorstellen, dass es Verkäufer gibt, die jetzt antworten: *„Und, was ist mit dem Preis? Passt das wirklich für Sie?"* Wumms, wir sind in unsere eigene Falle getappt. Unser Handeln folgt dem Fokus. Und da liegen wir wieder!

Aus diesem Teufelskreis müssen wir raus. Dazu müssen wir unseren Fokus ändern. Richten Sie Ihren Fokus ab sofort nur noch auf Dinge, die Sie auch beeinflussen können. Und denken Sie

Ändern Sie den Fokus!

immer daran: Das, was Sie am besten beeinflussen können, sind Sie selbst!

Ein immer wiederkehrendes AHA-Erlebnis in meinen Seminaren: Am Anfang frage ich meine Teilnehmer: „Was macht Ihnen das Leben als Verkäufer schwer? Was sind die Hauptgründe, weshalb Ihre Kunden nicht kaufen?" (Erinnern Sie sich? Das wollte ich schon in Übung 1.2 von Ihnen wissen.) Dann frage ich nach: „Fällt Ihnen etwas bei Ihren Antworten auf?" Jetzt kommt oft die Erkenntnis: „Das sind ja alles Dinge, die uns gar nicht selbst betreffen." Ach?!

Glaubenssätze

Wir sind schnell dabei, den Rollsplitt zu suchen, wenn etwas nicht funktioniert. Nachvollziehbar und menschlich, aber nicht zielführend. Wir geben damit unsere Macht ab. Mächtig sind wir, wenn wir unseren Erfolg selbst steuern und uns nicht von anderen Menschen oder den Umständen steuern lassen.

Steuern Sie Ihren Erfolg?! Wie schaffen wir es, dass wir wirklich das Steuer in der Hand halten? Dass wir aus diesem automatisierten Rollsplittmodus rauskommen? Dass wir in der Situation erkennen, dass wir gerade in Richtung Opfer mutieren, und nicht erst *danach*? Im Nachhinein sind die Dinge oft klar. Aber wenn wir im Problem feststecken, sehen wir oft die Lösung nicht, sondern nur das Problem. Kennen Sie das?

Verantwortlich dafür sind unsere Glaubenssätze. Erinnern Sie sich noch an die selbsterfüllende Prophezeiung? Alles beginnt bei unseren Gedanken. Wir bekommen das, was wir erwarten. Ein Großteil unserer Gedanken ist unbewusst. Wenn wir es nicht schaffen, uns einen Teil dieses Unbewussten bewusst zu machen, lassen wir uns blind steuern. Keine angenehme Vorstellung, oder? Etwa 60.000 Gedanken schießen jeden Tag durch unseren Kopf – und nur 3 – 5 % davon sind automatisch positiv. Sie sehen, wir haben eine Menge zu tun, wenn wir nicht mit einer „das Glas ist halb leer-Mentalität" durchs Leben laufen wollen. Füttern wir unser Unterbewusstsein immer wieder mit Rollsplitt, wird er irgendwann zu unserer Realität. Wir sind davon überzeugt, dass uns tatsächlich überall Rollsplitt im Weg liegt:

- *„Ich bin einfach eine Niete im Sport."*
- *„Hätte ich andere Voraussetzungen gehabt, dann wäre ich auch erfolgreich geworden."*
- *„Wie kann man bei so einer Kindheit je etwas erreichen …"*
- *„Das macht man doch nicht."*

Das alles sind typische Aussagen, hinter denen Glaubenssätze stehen. Wir haben erfahren, dass etwas nicht funktioniert. Wir sind beim Schulsport vielleicht als Letzter ins Ziel gekommen. Worauf liegt unser Fokus beim nächsten Rennen? Darauf, dass wir Letzter waren, dass wir gescheitert sind. Setzt dieser Gedanke die positive Energie frei, die wir bräuchten, um durchzustarten? Eher nicht. Wir erwarten, dass wir wieder Letzter werden. Und genau das passiert.

Wenn der Glaube Realität wird
„Das Laufen ist halt nicht deine Stärke." Wenn unser Lehrer jetzt auch noch mit dieser Aussage kommt, haben wir unseren Verstärker. Spielen wir das Spiel noch mehrmals durch, sind wir felsenfest überzeugt: Wir sind eine absolute Niete im Sport. Wir können einfach nicht laufen. Und bei allen künftigen Aktivitäten können wir uns jetzt darauf berufen: Wir können nicht laufen!

Der Glaube siegt!

Wie viel Macht haben wir diesem Lehrer damit über uns gegeben? Stellen Sie sich vor, der Lehrer hätte anders gehandelt. Er wäre nach dem ersten Rennen zu uns gekommen und hätte gesagt: *„Mensch, da hast du heute wohl einen schlechten Tag erwischt. Ich weiß, dass du es viel besser kannst. Was meinst du, wollen wir morgen ein bisschen gemeinsam üben? Und: Beim nächsten Mal zeigen wir es dann den anderen?"* Können Sie sich vorstellen, dass die Sache ganz anders ausgegangen wäre? Nicht die Umstände entscheiden über unseren Erfolg, sondern das, was wir darüber denken, was wir erwarten. Entscheidend ist, woran wir glauben.

Übung 1.7 (a):

Glaubenssätze ändern!

Was sind Ihre Glaubenssätze? Denken Sie über folgende Aussagen nach. Ergänzen Sie dann, was Ihnen dazu einfällt:

Man darf nicht _____

Meine Kunden würden nie _____

Der Hauptgrund, warum ich noch nicht den gewünschten Erfolg

habe, ist _____

_____ macht man nicht.

Ich kann doch meine Kunden nicht _____

_____

Schauen Sie sich Ihre Antworten an. Überlegen Sie, ob diese Glaubenssätze Sie hindern oder nach vorne bringen. Jede Medaille hat zwei Seiten. Wie sieht die Kehrseite zu Ihren Glaubenssätzen aus?

Ein Beispiel:

„Ich habe noch nicht den gewünschten Erfolg, weil mein Chef mich zu wenig unterstützt."

▶ Die Kehrseite:
„Ich werde meinen Erfolg unabhängig von meinem Chef erreichen."

Werden Sie zum Jäger!
Spüren Sie die unterschiedliche Energie, die beide Sätze erzeugen? Im ersten Beispiel sind Sie Opfer. Im zweiten sind Sie Jäger. Erfolg bedeutet: Von der Opferrolle in den Jägerstatus zu wechseln.

Nie mehr Opfer!

Übung 1.7 (b):

Schreiben Sie alle Glaubenssätze, die Ihnen einfallen, auf ein Blatt. Wovon sind Sie überzeugt? Woran glauben Sie?

Teilen Sie dann ein weiteres Blatt in zwei Hälften. Auf die linke Seite schreiben Sie *„Opfer"*, auf die rechte Seite *„Jäger"*. Nehmen Sie dann Ihr erstes Blatt und ordnen Sie Ihre Glaubenssätze entweder der Opfer- oder der Jägerrolle zu. Bremst Sie das, was da steht? Oder treibt es Sie an?

Wir müssen uns zunächst bewusst machen, was wir denken, was uns steuert. Erst dann können wir es ändern. Im nächsten Schritt programmieren Sie sich um und werden vom Opfer zum Jäger. Schauen Sie mein Chef-Beispiel noch mal an. Überlegen Sie dann, wie eine positive Umwandlung Ihres Glaubenssatzes aussehen könnte. Formulieren Sie Ihre Gedanken anschließend aus.

Lesen Sie sich die rechte und die linke Seite noch einmal laut vor. Erkennen Sie den Unterschied? Können Sie sich vorstellen, dass Ihr Leben anders verläuft, wenn Sie sich jeden Tag Ihre positiven Glaubenssätze bewusst vorlesen und sich nicht länger unbewusst von Ihren negativen Glaubenssätzen steuern lassen?

. . . .

Verkaufserfolg entsteht nie aus der Opferrolle heraus. Wir müssen vom Opfer zum Jäger werden.

. . . .

Machen Sie sich nicht selbst zum Opfer!

Es liegt an Ihnen! Wer ist der Mensch, der Ihnen die gemeinsten Dinge an den Kopf werfen kann? Dem Sie bedingungslos zuhören und glauben? Und dem Sie das noch nicht mal übelnehmen? Haben Sie eine Idee?

Sie selbst!

Anderen Menschen würden wir es doch niemals gestatten, so mit uns zu reden, wie wir das manchmal mit uns selbst tun, oder? Nicht die anderen machen uns zum Opfer; wir machen uns selbst zum Opfer. Die gute Nachricht ist: Das muss nicht sein. Wir haben uns da reingebracht, also können wir uns da auch wieder rausbringen. Und das schaffen wir in drei Schritten:

In drei Schritten vom Opfer zum Jäger

- Schritt 1:   Glaubenssätze bewusst machen
- Schritt 2:   Glaubenssätze akzeptieren
- Schritt 3:   Glaubenssätze (schriftlich) ändern

Vom Problem zur Lösung
Welche Glaubenssätze machen Ihnen das Verkaufsleben schwer? Wo stehen Sie sich vielleicht selbst im Weg? Schauen Sie sich Ihre Antworten aus der Übung 1.2 noch einmal an. Welche Glaubenssätze stehen hinter Ihren Antworten? Was davon können Sie beeinflussen und wie? Investieren Sie künftig Ihre Energie nur noch in Dinge, die Sie selbst beeinflussen können.

Mal angenommen, der Preis ist Ihre Achillesferse. Daran scheitern Sie immer wieder. Dann bringt es nichts, sich über die Preisstrategien Ihrer Mitbewerber aufzuregen. Es hat auch keinen Zweck, das Spiel mitzumachen. Sie können die Tatsache, dass Ihr Produkt teurer ist, nun mal nicht ändern. Was Sie aber sehr wohl ändern können, ist Ihre Sicht der Dinge. Überlegen Sie, wie Sie das Problem zu Ihrer Chance machen. Was macht Sie, Ihr Produkt oder Ihre Dienstleistung einzigartig? Investieren Sie Ihre Energie in sich und in Ihr Produkt. Wie können Sie diese Merkmale so hervorheben, dass der Preis zweitrangig wird?

Die Problem-Lösungsliste

Übung 1.8:

Erstellen Sie Ihre Problem-Lösungsliste. Nehmen Sie ein Blatt Papier und teilen Sie es in zwei Hälften. Die eine Hälfte bekommt die Überschrift „*Problem*", die andere die Überschrift „*Lösung*". Unter „Problem" listen Sie alles auf, was Sie Ihrer Meinung nach am Verkaufserfolg hindert.

Überlegen Sie im nächsten Schritt, wie eine passende Lösung für dieses Problem aussehen könnte. Was ist möglicherweise die Kehrseite?

Problem	Lösung

Unsere Glaubenssätze führen uns zum Erfolg oder hindern uns daran. Vom Problem zur Lösung heißt: vom Opfer zum Jäger.

1.5 Sinnlose Kämpfe **39**

1.6 Raus aus dem Haifischbecken!

 *Beispiel*

Es ist Freitagabend. Ich bin in der Bar einer Freundin. Ich lecke meine Wunden, verfluche das Schicksal, suche den Rollsplitt und bedaure mich selbst.

Um mich herum lauter Leidensgenossen. Die einen wettern über den Job, die anderen über den Staat, die nächsten über ihren Chef. Wieder andere beklagen gleich das ganze Leben. Ich bin in super Gesellschaft. Ich bin in letzter Zeit häufiger hier. Wie so oft schaue ich mich in der Kneipe um. Schaue mir die Leute an, die um mich herum sitzen. Aber heute ist etwas anders. Heute sehe ich die anderen, und auf einmal sehe ich mich. Ich sehe mich quasi von „oben". Kennen Sie diese Perspektive? Ich sehe mich da inmitten dieser Menschen sitzen und denke: „Oh mein Gott! Katja, was ist bloß mit dir passiert? Soll es das gewesen sein?" Mir wird übel bei dem Gedanken, was aus meinem Leben geworden ist, was ich zugelassen habe. Und mir wird in diesem Moment klar: „So nicht mehr. So will ich nicht mehr leben!" In dieser Nacht verlasse ich das Haifischbecken.

Sie können was ändern!

Mir ist in dieser Nacht klar geworden: Nicht mein Chef oder irgendein anderer hat mich in diese Situation gebracht, sondern ich habe das ganz alleine geschafft. Und nur ich alleine kann mich da wieder rausholen. Nicht mein Umfeld war das Haifischbecken, sondern das, was ich daraus gemacht habe! In dieser Nacht habe ich endlich wieder die Verantwortung für mein Leben übernommen. Ich habe endlich akzeptiert, dass mein Geld weg war. Ich habe endlich akzeptiert, dass ich gescheitert bin. Und ich habe mir endlich eingestanden, dass ich den Mist gebaut habe, und niemand sonst. Nicht die Umstände haben sich geändert; ich selbst habe mich geändert. Mein Fokus hat sich geändert.

Von dem Moment an, in dem ich wieder die Verantwortung für mein Leben übernommen habe, war da plötzlich wieder ein Weg, eine Perspektive. Es waren auch keine Haie mehr da. Ich war nicht mehr das Opfer. Ich war wieder der Jäger.

Warum muss erst die Luft brennen?
Was wäre passiert, wenn ich dieses Schlüsselerlebnis nicht gehabt hätte? Ich will mir die Folgen gar nicht ausmalen. Aber eins ist klar: Mein Leben wäre höchstwahrscheinlich ganz anders verlaufen.

Warum habe ich so lange gebraucht, um „wach zu werden"? Es war noch nicht zu spät, aber hätte ich diese Erkenntnisse früher gehabt, wäre der Flurschaden sicher längst nicht so groß gewesen. Warum muss das Kind oft erst in den Brunnen fallen, ehe wir endlich aufwachen?

Wir tun uns schwer, gewohnte Gewässer zu verlassen. Selbst wenn wir mit den Haien schwimmen, gewöhnen wir uns irgendwann an diesen Zustand. Und irgendwann vergessen wir zu hinterfragen, ob das noch unser Leben ist oder ob wir längst von irgendjemandem oder irgendetwas gesteuert werden. Sind wir schon Opfer oder sind wir noch Gestalter unseres Lebens und unseres Erfolgs?

Opfer oder Gestalter?

Irgendwann haben wir uns vielleicht schon so daran gewöhnt, dass wir kurz vor der Ziellinie stürzen, dass wir gar nicht mehr probieren, etwas daran zu ändern. Es ist halt so. Wir sind halt im Haifischbecken. Und vielleicht sitzen wir dann abends in der Bar und beklagen das Schicksal und die Umstände. Erst, wenn wir kurz davor stehen, gefressen zu werden, werden wir wach. Wenn der Gerichtsvollzieher oder das Finanzamt vor der Tür steht, wird uns plötzlich klar: Wir müssen raus aus dem Haifischbecken! Wie? Indem wir uns dafür entscheiden.

Entscheiden Sie sich für Ihren Erfolg!
Wenn Sie Erfolg haben wollen, im Leben und im Verkauf, dann *entscheiden* Sie sich dafür. Verlassen Sie Ihr Haifischbecken und werden Sie vom Opfer zum Jäger.

In sechs Schritten aus dem Haifischbecken:

1. **Werden Sie sich bewusst über Ihren Fokus.**
Was denken Sie und was erwarten Sie – von Ihrem Leben, Ihrem Job als Verkäufer, Ihrem Produkt, dem Markt, einer Situation ...? Worauf liegt Ihr Fokus und wo sollte er liegen?

2. **Machen Sie sich Ihre Glaubenssätze bewusst.**
Was sind Ihre drei tiefsten Grundüberzeugungen im Verkauf? Woran glauben Sie? Wovon sind Sie überzeugt?

3. **Akzeptieren Sie Ihre Glaubenssätze.**
Gefällt Ihnen nicht, was Sie sehen? Dann entscheiden Sie sich dafür, etwas zu ändern.

4. **Definieren Sie neue Glaubenssätze.**
Werden Sie vom Opfer zum Jäger und damit zum Gestalter Ihres Lebens und Ihres Verkaufserfolgs.

5. **Streichen Sie den Rollsplitt bedingungslos aus Ihrem Leben.**
Was sind Ihre drei Lieblingsausreden, warum Ihr Kunde nicht kauft?

6. **Übernehmen Sie die Verantwortung und gehen Sie raus aus dem Haifischbecken.**
Werden Sie vom Opfer zum Jäger!

Machen Sie sich immer wieder bewusst: Kunden kaufen von Jägern – und nicht von Opfern!

Step 2: Wie wir Entscheidungen fällen

Wie fällen Sie Entscheidungen? Wie fällen Ihre Kunden Entscheidungen? Glauben Sie, das hängt von der Zielgruppe ab, mit der Sie es zu tun haben? Glauben Sie, ein Controller trifft Entscheidungen anders als eine Kassiererin? Fakt ist: Wenn wir verkaufen wollen, müssen wir immer den richtigen Köder auswerfen. Egal, ob Controller oder Kassiererin: Beide müssen anbeißen. Wie schaffen wir das?

2.1 Wie Menschen entscheiden

Eine typische Aussage meiner Seminarteilnehmer: „Je komplexer und teurer mein Produkt ist, desto mehr entscheidet mein Kunde mit dem Verstand. Desto mehr muss ich ihm erklären." Meine Antwort: „Verstehe. Das bedeutet also, ein Mann geht bei Porsche ins Autohaus und kauft den 911er-Turbo erst, wenn er begriffen hat, wie die Lichtmaschine aufgebaut ist und die automatische Steuerung des elektronischen Abblendlichts funktioniert. Ist klar!"

Der richtige Köder

Stimmen Sie mir zu, dass das nicht das typische Kaufverhalten eines Porschefahrers ist? Kann es also sein, dass die Entscheidung, ein Produkt zu kaufen, nicht viel oder vielleicht sogar gar nichts mit rationalen Argumenten zu tun hat? Und wie sieht es mit der Zielgruppe aus? Braucht die eine Zielgruppe mehr rationale Argumente als die andere? Braucht ein Controller mehr Informationen über die Lichtmaschine als die Kassiererin?

Anders gefragt: Was für ein Bild haben Sie von einem Controller? Falls vor Ihrem inneren Auge jetzt ein eher spröde wirkender Mensch erscheint, der analytisch, zahlen-, daten- und faktenbasiert an Dinge herangeht, würden Sie wahrscheinlich denken: *„Klar, so ein Mensch braucht Zahlen, der entscheidet rational!"* Haben Sie auf der anderen Seite das Bild einer jungen, vielleicht flippigen Kassiererin vor sich, die den Porsche von ihrem Freund geschenkt bekommt, würden Sie vielleicht denken: *„Was interessiert das Mädel die Lichtmaschine. Da zählen doch wohl eher die Optik und die Emotionen."* Und genau hier liegt der Fallstrick.

Wir lassen uns täuschen

Wie ticken Kunden?

Wir haben oft ein bestimmtes Bild von einer Berufsgruppe – entstanden aus Erfahrungen, Erlebnissen und Glaubenssätzen. Je nach Bild glauben wir zu wissen, wie unsere Kunden entscheiden, wie sie ticken. Wir verstärken unser Bild außerdem durch die Optik und das Verhalten unseres Gegenübers. Stellen Sie sich einen kühl wirkenden, korrekt gekleideten Wirtschaftsprüfer vor. Dunkler Anzug, Nadelstreifen, gewienerte Schuhe. Sie sind der Porscheverkäufer. Der Wirtschaftsprüfer betritt Ihren Laden – abwartend, prüfend, sachlich. Wie würden Sie Ihr Verkaufsgespräch aufbauen? Eher faktenlastig oder eher emotional?

Übung 2.1:

Was schätzen Sie, wie wichtig ist Fachwissen in einem Verkaufsgespräch auf einer Skala von 0 – 100?

0%   **100%**

Reflektieren Sie Ihre letzten Verkaufsgespräche.
Wie hoch war der Anteil an Fach- und Produktwissen und wie hoch war der Anteil an Emotionen?

Fakten _____%

Emotionen _____%

Der Trugschluss!

Wir lassen uns oft aufs Glatteis führen. Vom äußeren Erscheinungsbild und dem sichtbaren Verhalten unseres Kunden. Unsere Erwartungen und Gedanken verstärken unsere Einschätzung. Und es gibt noch etwas, womit wir uns das Leben schwer machen. Je länger wir im Verkauf sind, desto mehr wissen wir. Das ist erst einmal super. Die schlechte Nachricht: Wir neigen dazu, unser Wissen mitteilen zu wollen. Gefragt oder ungefragt. Fachwissen setzen wir oft gleich mit Kompetenz. Blöd wird es, wenn unser Kunde aus anderen Gründen entscheidet und ihn unser geballtes Wissen nicht besonders interessiert.

Wenn Wissen zum Feind wird

Am Anfang meiner Verkaufskarriere hatte ich super Quoten. In meinen besten Zeiten lagen meine Quoten bei 1 : 1,5. Das heißt: Fast jeder Kunde, der bei mir am Tisch saß, hat auch eine Kapitalanlageimmobilie gekauft. Dann ging auf einmal gar nichts mehr. Meine Quoten rauschten in den Keller. Ich war verzweifelt. Ich wusste nicht, warum. Mir war nicht klar, was plötzlich anders war. Heute weiß ich: Ich hatte angefangen, den falschen Köder ins Becken zu werfen. Ich hatte mir so viel Wissen angeeignet, dass ich alles, was ich wusste, ins Becken geworfen habe. Das Resultat? Ich habe meine Kunden mit meinem geballten Wissen in die Flucht geschlagen.

Ob ein Kunde kauft oder nicht, hängt nicht davon ab, wie viel wir wissen. Vielmehr kommt es darauf an, wie wir unser Wissen einsetzen.

Wissensbesitzer oder Wissensbenutzer? Es gibt einen Unterschied zwischen Wissensbesitzern und Wissensbenutzern. Wenn wir erfolgreich verkaufen wollen, müssen wir zu Wissensbenutzern werden. Wir müssen lernen, *wann* und *wie* wir unser Wissen einsetzen. Wie das genau geht? Lassen Sie uns einfach einen kurzen Ausflug in die Evolutionsgeschichte machen.

2.2 Das 3-Gehirne-Modell

Wie entscheiden wir? Wann kaufen wir und wann nicht? Unser Gehirn liefert die Antwort: Erfolg, auch im Verkauf, entsteht meist dann, wenn man komplizierte Dinge einfach und nutzbar macht. Und hier kommt die gute Nachricht! Ob Controller, Kassiererin, Wirtschaftsprüfer oder Putzfrau: In erster Instanz entscheiden Menschen alle gleich. Weshalb das so ist, zeigt das 3-Gehirne-Modell.

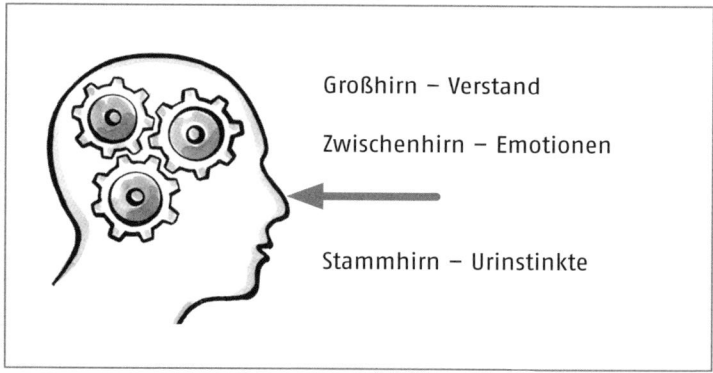

Vereinfacht dargestellt besteht das menschliche Gehirn aus den drei Teilen Stammhirn, Zwischenhirn und Großhirn. Alle drei sind verkäuferisch relevant:

1. **Stammhirn:** Das ist der älteste Teil unseres Gehirns. Es entstand vor rund 500 Millionen Jahren und kennt vereinfacht drei Zustände: Wir greifen an, wir rennen weg oder wir fallen in die Totenstarre und machen einfach gar nichts. Unser Stammhirn ist für unser Überleben zuständig. Hier sitzen unsere Urinstinkte.

2. **Zwischenhirn:** Das Zwischenhirn ist der zweitälteste Teil unseres Gehirns und der Sitz unserer Emotionen. Sämtliche Gefühle, wie Angst, Freude, Spaß, Vertrauen oder Liebe, sind hier angesiedelt.

3. **Großhirn:** Das Großhirn ist der entwicklungsgeschichtlich jüngste Teil unseres Gehirns. Hier sitzt unser Verstand. Reden wir über rationale Entscheidungen, reden wir über das Großhirn. Das Großhirn hat unter anderem die Aufgabe, uns das, was wir im Zwischenhirn schon längst entschieden haben, rational zu erklären.

„Das Gehirn ist das Komplizierteste, was wir bisher in unserem Universum entdeckt haben."
JAMES WATSON, MOLEKULARBIOLOGE
UND MITENTDECKER DER STRUKTUR DER DNS

Übung 2.2:

Beantworten Sie bitte spontan folgende Fragen:

a) Warum soll ich Ihr Kunde werden?
   Nennen Sie bitte drei Gründe:

_____

_____

_____

b) Warum soll ich Ihr Produkt kaufen?
Nennen Sie bitte wieder drei Gründe:

_____

_____

_____

Rational oder emotional? Schauen Sie sich Ihre Gründe in Ruhe an. Stehen da eher rationale Begründungen oder emotionale? Überwiegen bei Ihnen die rationalen Gründe? Dann könnte das die Ursache dafür sein, dass Ihre Kunden sich zwar gut beraten fühlen, aber sich schwertun, zu kaufen. Sie adressieren Ihre Verkaufsbotschaft an den falschen Teil des Gehirns Ihres potenziellen Käufers. Untersuchungen haben gezeigt, dass unser Verhalten im Zwischenhirn gesteuert wird. Hier fällen wir Menschen in erster Instanz unsere Entscheidungen. *Alle* Menschen. Auch die, die uns auf den ersten Blick eher rational und kopflastig erscheinen.

Das Zwischenhirn kauft! Wenn also Kaufentscheidungen im Zwischenhirn getroffen werden, dann müssen wir mit unseren Verkaufsbotschaften auch genau da rein. Mit Zahlen, Daten und Fakten, mit rationalen Begründungen und Argumenten wird uns das aber nicht gelingen. Damit werfen wir den falschen Köder ins Becken.

Das Zwischenhirn

Beispiel

„Ich habe meinem Kunden alle Fragen beantwortet. Er hat auch alles verstanden. Am Schluss meinte er sogar, dass er sich sehr gut beraten gefühlt hat. Aber gekauft hat er nicht. Ich verstehe das nicht!"

Mit solchen Aussagen klagen mir Verkäufer immer wieder ihr Leid. Ich kann verstehen, wie frustrierend das ist. Ich habe solche Sätze selbst oft genug von Kunden gehört. Da macht und tut man – doch am Ende war alles für die Katz. Und das Schlimmste ist: Die meisten Verkäufer wissen nicht, weshalb ihre Abschlussquote so schlecht ist und wie sie das künftig ändern können. Dabei ist die Antwort ganz einfach. Zumindest jetzt, aus meiner heutigen Sicht. Früher habe ich das auch nicht gewusst und bin immer wieder in dieselbe Falle getappt. Heute aber weiß ich: Die Verkäufer haben es nicht geschafft, das Zwischenhirn ihrer Kunden zu aktivieren. Sie haben nur das Großhirn erreicht. Der Kunde hat das Produkt und den Nutzen *verstanden*. Er hat sich aber nicht entschieden. Er hat nicht angebissen. Das Zwischenhirn wurde nicht angesprochen. Die Emotion sagt: „Nein!" Fragen wir den Kunden, warum er nicht gekauft hat, kann er es nicht erklären. Und das stimmt tatsächlich. Denn: Das Zwischenhirn kennt keine Sprache. Versuchen Sie mal, Hunger rational zu erklären. Was wir hören, ist immer das Großhirn.

Wenn Argumente nicht ziehen ...
Erfolgreich verkaufen heißt, erst das Zwischenhirn aktivieren und dann rational begründen. Doch oft wird die Reihenfolge umgedreht. Da wird mit dem Kunden über das Produkt geredet. Über die Vorteile, den allgemeinen Nutzen. Vielleicht noch über das Unternehmen, wie lange man am Markt ist und was man schon alles gemacht hat. Je nach Verkäuferpersönlichkeit wird dann auch noch ergänzt, wie toll man selber ist. Und was macht unser Kunde? Er passt sich an. Das ist das Normalste der Welt. Schließlich haben wir die Richtung vorgegeben. Das Handeln folgt dem Fokus. Der Kunde stellt Fragen zum Produkt: *„Warum dieses Produkt und nicht das günstigere?"* Er stellt Fragen zum Unternehmen: *„Warum unser Unternehmen und nicht die Konkurrenz?"* Dann wird diskutiert: über den Preis, die Qualität, mögliche Rabatte, Risiken, Gewährleistungen, Referenzen und wer weiß noch was. Wir beantworten die Fragen. Wir probieren unseren Kunden zu überzeugen. Wir ziehen ein Argument nach dem anderen aus dem Ärmel. Es fliegen Zahlen, Daten und Fakten. Und nichts hilft. Denn: Großhirn spricht mit Großhirn.

Die Reihenfolge macht's!

Wir sind in unsere eigene Falle getappt. Wir haben den Kunden ja da hingesteuert. Wenn wir merken, dass der Kunde noch nicht kaufbereit ist, ändern wir unsere Taktik. Wir werden emo-

Kein guter Plan!

tionaler. Reicht das auch nicht, bauen wir Druck auf. Je nach Mentalität mehr oder weniger stark. Jetzt haben wir es geschafft, unseren Kunden nach und nach vom Großhirn ins Stammhirn zu bringen. Und hier kennt er nur noch genau drei Zustände: Er greift an, er rennt weg oder er macht gar nichts und verfällt in die Totenstarre. Kein guter Plan, wenn wir wollen, dass unser Kunde kauft!

Erfolgreich verkaufen heißt, zuerst das Zwischenhirn unserer Kunden zu aktivieren.

Das WARUM entscheidet

- *„Ich muss mir das noch überlegen. Irgendwie sagt mein Bauch Nein."*
- *„Ich kann Ihnen nicht erklären, woran das liegt. Aber ich kaufe erst mal nicht."*
- *„Ich möchte mir noch gerne Vergleichsangebote einholen."*
- *„Ich muss noch eine Nacht darüber schlafen."*

Typische Sätze, wenn wir es nicht geschafft haben, ins Zwischenhirn unseres Kunden zu kommen. Das Großhirn probiert zu erklären, was das Zwischenhirn entschieden hat. Wir haben den falschen Köder ins Becken geworfen – und dann kommen solche Aussagen.

Preisschlachten finden im Großhirn statt

Raus aus dem Großhirn! Was waren die Gründe, weshalb Ihre letzten Kunden nicht gekauft haben? Waren sie rational oder emotional? Was glauben Sie, wo werden Preisdiskussionen geführt? Oder Konkurrenzdebatten? Im Großhirn! Lassen wir uns darauf ein, können wir nur verlieren. Bringt unser Kunde rationale Argumente, *bevor* er angebissen hat, haben wir als Verkäufer nur eine Chance: Wir müssen sein Zwischenhirn ansprechen. Sonst gehen wir in Preis- und Konkurrenzschlachten unter.

Das bedeutet: Wirft Ihnen Ihr Kunde nur rationale Argumente, wie den Preis oder Produktmerkmale, an den Kopf, um Ihnen zu erklären, warum er nicht kauft, ist das ein Alarmsignal. Erklärt Ihnen Ihr Kunde, dass er mit Ihrer Beratung, Ihrem Unternehmen und der Qualität Ihrer Arbeit zufrieden ist, aber aus anderen Gründen woanders kauft, und setzt er dann noch nach, Sie sollen das doch bitte nicht persönlich nehmen, ist das ein Alarmsignal. Der Alarm bedeutet: Achtung Großhirnmodus. Die Lösung ist: Ab ins Zwischenhirn!

So weit, so gut. Aber wie kommen wir ins Zwischenhirn? Mit der richtigen Frage. Es ist nicht entscheidend, was Ihr Produkt ist, *was* Sie anbieten oder Ihre Dienstleistung ist. Es ist auch nicht entscheidend, *wie* Ihr Produkt oder Ihre Dienstleistung funktioniert. Entscheidend ist das WARUM. Wissen wir nicht, warum wir etwas tun sollen, dann machen wir es auch nicht. Und wenn, dann nur unter Protest oder halbherzig. Stellen Sie sich vor, meine nächste Übung sähe wie folgt aus:

Ab ins Zwischenhirn!

Kleiner Test

Stellen Sie sich auf ein Bein. Das andere Bein heben Sie an, bis Ihr Knie im 90-Grad-Winkel ist. Und in dieser Position lesen Sie jetzt die nächsten 20 Seiten dieses Buchs!

Mal ehrlich, würden Sie diesen Mist machen? Kann es sein, dass wir genau das manchmal von unserem Kunden erwarten? Dass wir erwarten, dass sich unser Kunde zum Kauf entscheidet, obwohl er noch gar nicht weiß, *warum*? Damit meine ich übrigens nicht, dass wir als Verkäufer wissen, warum unser Kunde kaufen sollte. Ich spreche vom Wollen und dem WARUM unseres Kunden, nicht von unserem eigenen. Manchmal verwechseln wir das. Oder wir glauben, unser WARUM muss auch unserem Kunden schmecken.

 Nicht das WAS oder das WIE entscheidet, ob Ihr Kunde kauft, sondern das WARUM.

2.3 Der Köder – bunte Blätter, die unser Leben bestimmen

Haben Sie eine Idee, was Ihre Antworten aus der Übung 1.2 mit Ihren Antworten aus der Übung 2.2 zu tun haben? Schauen Sie sich Ihre Antworten aus beiden Übungen noch einmal an. Erkennen Sie einen Zusammenhang?

Je stärker das WARUM unseres Kunden, desto geringer der Widerstand, der uns entgegenkommt. Wenn wir das WARUM unseres Kunden erfüllt haben, sind Preis, Konkurrenz oder Marktbedingungen plötzlich gar nicht mehr so wichtig. Und es kommt noch etwas dazu: Die meisten Dinge, die Sie in Übung 1.2 aufgeschrieben haben, können Sie wahrscheinlich nicht ändern oder beeinflussen. Was Sie aber beeinflussen können, ist das WARUM. Es liegt in Ihrer Hand, ob Sie das WARUM Ihres Kunden finden und erfüllen oder nicht. Damit liegt es auch in Ihrer Hand, ob Ihr Kunde kauft oder nicht. Wir brauchen nur den richtigen Köder.

Das WARUM gewinnt! Stellen Sie sich vor, ein neues Projekt steht an. Die schlechte Nachricht: Die Umsetzung ist definitiv mit Überstunden verbunden. Ihr Vorgesetzter ruft Sie zum Gespräch und eröffnet Ihnen, dass er Sie mit der Projektleitung betrauen will. Er schließt mit den Worten: „Als Motivation und Anerkennung für Ihren Einsatz hab ich etwas für Sie. Als Dankeschön bekommen Sie diese Tüte hier." Dann hält er Ihnen die Tüte, die links abgebildet ist, vor die Nase.

Wie motiviert sind Sie jetzt, voll durchzustarten?

Sähe es bei dieser Tüte eventuell anders aus?

Der Inhalt der zweiten Tüte ist für mich eine der besten Verkaufsstrategien, die ich kenne. Sie begleitet uns Tag für Tag, von morgens bis abends.

WAS – WIE – WARUM

Rund 220 Tage im Jahr rackern wir uns ab. Okay, die einen mehr, die anderen weniger. Wir stehen jeden Morgen auf und gehen arbeiten. Teilweise zu Zeiten, die die Welt nicht braucht. Wir bilden uns weiter, besuchen Seminare, schulen um, haben vielleicht sogar mehrere Jobs gleichzeitig. Wir nehmen Burnout oder Mobbing in Kauf – oft bis hin zu schweren Krankheiten. Und wofür? Für ein bunt bedrucktes Blatt Papier. Genau das ist Geld! Ein Blatt Papier, bedruckt mit Farben, Buchstaben und Motiven. Ein Fetzen Papier. Nicht mehr und nicht weniger. Wie viele Menschen fallen Ihnen jetzt spontan ein, die es in Panik versetzt, nicht genügend von diesen Fetzen zu besitzen?

Was motiviert uns?

Oder wie viele Menschen kennen Sie, die ihre Schullaufbahn, ihren Berufswunsch und vielleicht sogar ihre Partnerwahl nach der zu erwartenden Menge dieser Papierfetzten ausrichten? Ein paar Fetzen Papier bestimmen zum Großteil unser Leben. Und auch wieder nicht. Es ist doch nicht das Stück Papier, das uns motiviert, oder?

Das, was es *tut*

Die erste Tüte hat vermutlich nicht viele Emotionen in Ihnen ausgelöst. Es ist also nicht das, was es *ist*, das uns in Bewegung setzt, sondern das, was *wir* damit *verbinden*. Jeder von uns wird wahrscheinlich etwas anderes mit der zweiten Tüte verbinden. Die einen denken vielleicht an den nächsten Urlaub, den sie machen wollen und sich noch nicht leisten können. Oder an das neue Auto, das sie gerne hätten. Die anderen denken vielleicht an das Haus, das sie kaufen wollen. Oder an die Überraschung, die sie ihrem Partner gerne bereiten würden. Und wieder ande-

Emotionen auslösen!

2.3 Der Köder – bunte Blätter, die unser Leben bestimmen

re denken vielleicht einfach an Schokomuffins. Nicht das Stück Papier setzt uns in Bewegung, sondern das, was wir mit diesem Papier verbinden.

Es geht also nicht darum, was das Papier ist, sondern darum, *was das Papier tut.* Für den Verkauf heißt das: Unser Job als Verkäufer ist es, nicht den Fetzen Papier zu verkaufen. Wir müssen immer das verkaufen, was das Papier tut. Was unser Kunde damit verbindet. Aber wie sieht es in der Realität aus? Kann es sein, dass wir immer wieder probieren, das Papier ins Becken zu werfen, und uns dann wundern, wenn da keiner ist, der es haben will?

Kehren wir noch mal zurück zu den drei Bereichen unseres Gehirns. Mit dem WAS und dem WIE kommen wir ins Großhirn, mit dem WARUM ins Zwischenhirn. Übertragen auf das Geld bedeutet das:

- Das WAS ist das Blatt Papier mit einer 50 drauf.
- Das WIE ist der Kontostand oder die Überweisung.
- Das WARUM ist der Schokomuffin.

Das WAS ist also unser Produkt mit seinen objektiven Merkmalen und Eigenschaften. Das WIE ist der allgemeine Produktnutzen, und das WARUM ist der richtige Köder. Wenn wir verkaufen wollen, müssen wir also den richtigen Köder, den Schokomuffin unseres Produkts oder unserer Dienstleistung, finden.

Was ist der Schokomuffin? Schauen Sie sich noch einmal Ihre Antworten aus der Übung 2.2 (b) an. Betreffen Ihre Antworten das WAS oder das WIE? Oder steht da das WARUM? Falls da das WAS und das WIE steht, wie sähen die entsprechenden WARUMs aus?

Schlagen Sie in Ihrem Verkaufsgespräch immer die Brücke von dem, was Ihr Produkt *ist*, zu dem, was Ihr Produkt *tut.*

Übung 2.3:

Entscheiden Sie sich für ein Produkt, das Sie anbieten. Wählen Sie dann ein allgemeines Nutzenmerkmal dieses Produkts. Erstellen Sie nun für das WAS und WIE Ihres Produkts – analog zum obigen Geld-Schema – das WARUM. Finden Sie drei WARUMs:

WAS: _____

WIE: _____

WARUM 1: _____

WARUM 2: _____

WARUM 3: _____

Erfolgreich verkaufen heißt, nicht das zu verkaufen, was es ist, sondern das zu verkaufen, was es tut.

2.4 Falle – Was schmeißen wir ins Becken?

Das WARUM entscheidet also darüber, ob Ihr Kunde anbeißt oder nicht. Wenn Sie am Beckenrand stehen, dann überlegen Sie sich bitte sehr, sehr gut, was Sie da reinschmeißen. Sonst stehen Sie da und werfen rein und rein und rein, und unten ist keiner, der das haben will.

Wann beißt der Kunde an?

Und mal ehrlich: Wie viel Bock hat ein Hai auf eine Lichtmaschine? Oder auf ein High-Speed-Kopiersystem? Oder auf eine elektronische Festplatte? Das ist genauso sexy wie eine Brezel ohne Butter. Wer will das haben? Die gute Nachricht ist: Wir entscheiden, was wir ins Becken reinschmeißen. Also entscheiden wir auch, ob unser Kunde anbeißt. Sie erinnern sich? Das Handeln folgt dem Fokus. Schmeißen wir also den Preis ins Becken, worüber wird der Kunde mit uns reden? Schmeißen wir Qualitätsmerkmale ins Becken, worüber wird der Kunde mit uns reden? Schmeißen wir Schokomuffins ins Becken, worüber wird der Kunde mit uns reden? Mit dem Preis und den Qualitätsmerkmalen sind wir im Großhirn, mit dem Schokomuffin im Zwischenhirn.

Wir müssen Hunger erzeugen
Worauf hat denn ein Hai wirklich Bock? Was will er wirklich? Fressen, oder? Wenn wir verkaufen wollen, dann müssen wir Hunger erzeugen. Und Hunger ist ein *Gefühl*. Hunger ist keine Statistik, Hunger ist keine Preisliste, Hunger sind keine Zahlen, Daten und Fakten. Hunger ist keine Lichtmaschine und auch kein High-Speed-Kopiersystem.

Was frisst ein Hai?

4 % mögliche Rendite in einer Rentenversicherung sind kein Gefühl. Die Angst davor, in einer 3er-WG mit Gemeinschaftsklo im städtischen Altenheim aufzuwachen, schon. Zahlen, Daten und Fakten befriedigen das Großhirn, Hunger das Zwischenhirn.

Was also ist der Schokomuffin Ihres Produkts?

Denken Sie jetzt: „Moment mal, bei einigen Menschen mag das ja funktionieren, aber es gibt Kunden, die wollen und brauchen Zahlen, Daten und Fakten, sonst entscheiden die sich nicht!" Oder schießt Ihnen gerade durch den Kopf: „Das funktioniert im Leben nicht! Ich bin selbst ein analytischer Typ. Ich würde mich niemals von Emotionen ködern lassen und der Großteil meiner Kunden auch nicht, die ticken nämlich genauso wie ich!"

Ich glaube Ihnen, dass Sie davon überzeugt sind, dass es diese Menschen gibt. Aber: Vielleicht denken wir nur, dass wir analytisch sind, und in Wirklichkeit entscheiden wir doch erst emotional? Vielleicht denken wir nur, dass unser Kunde Zahlen, Daten und Fakten will, weil er sich so verhält, und in Wirklichkeit entscheidet er emotional? Vielleicht tappen wir einfach in eine Falle und werfen den falschen Köder ins Becken?

Übung 2.4:

a) Finden Sie drei wichtige Entscheidungen im Leben, die Sie selbst getroffen haben – beruflich oder privat. Was waren die wahren Gründe, warum Sie sich so entschieden haben? Haben Sie Ihre Entscheidung später rational begründet? Wie?

_____

_____

_____

b) Finden Sie fünf Alltagssituationen, in denen Sie zuerst emotional entschieden haben und Ihre Entscheidung im zweiten Schritt rational begründet haben.

_____

_____

_____

Wir müssen Hunger erzeugen. Und Hunger ist ein Gefühl.

Sekundäre Rationalisierung
Die Falle, in die wir immer wieder tappen, ist die sekundäre Rationalisierung. Das bedeutet: Wir entscheiden emotional, erklären uns und unserem Gegenüber die Entscheidung aber im *zweiten Schritt* rational.

Die Ratio ist zweitragig!
Je weniger vertraut uns unser Gegenüber ist, desto mehr siegt die Ratio. Sie ist für uns oft ein Schutzschild, das unsere Gefühle nach außen hin abschirmt. Auf den Kunden und den Verkauf übertragen bedeutet das: Wir bekommen oft die rationale Begründung zu hören, weshalb ein Kunde etwas will oder nicht. Warum er kauft oder nicht. Den wahren Beweggrund, nämlich die Emotion dahinter, erfahren wir allerdings nicht. Um beim Beispiel mit der Rentenversicherung zu bleiben: Unser Kunde nennt uns als Kaufkriterium die 4% Rendite. Das, was ihn wirklich bewegt, nämlich die Angst vor der 3er-WG im Altenheim, verschweigt er uns. Bauen wir nun unsere Verkaufspräsentation auf den uns bekannten Wünschen des Kunden, in diesem Fall auf den 4% Rendite auf, befriedigen wir die Ratio, nicht aber das Gefühl. Und damit sind wir in der Falle.

Haben Sie schon einmal erlebt, dass Sie Ihrem Kunden rational alle Fragen beantworten und seine Bedenken auch fachlich komplett ausräumen konnten, er aber trotzdem nicht gekauft hat? Woran lag das? Sie haben das Großhirn Ihres Kunden angesprochen, nicht aber sein Zwischenhirn.

Die Emotion kauft!
Der richtige Köder
Wie sehr motiviert Sie dieses Bild?

Kommt darauf an, oder? Stellen Sie sich vor, Sie sind Nichtraucher. Sie sind bei mir im Seminar, und ich werfe nach 1,5 Stunden kommentarlos diese Folie an die Wand. Setzt Sie dieses Bild emotional in Bewegung? Oder reagieren Sie eher gleichgültig und fragen sich, was das jetzt soll? Können Sie sich vorstellen, dass dieselbe Folie bei einem starken Raucher etwas ganz anderes auslöst? Als ich früher noch geraucht habe, hat diese Folie regelrechte Glücksgefühle in mir hervorgerufen. Ich wusste: Jetzt ist endlich Raucherpause.

Stellen Sie sich vor, ich hätte dieses Bild an die Wand geworfen:

Glücksgefühle wecken!

Stoff	Hauptstrom (Mikrogramm pro Zigarette)	Nebenstrom : Hauptstrom (Verhältniszahlen, gerundet)
Kohlendioxid	20.000 – 40.000	8 – 11
Kohlenmonoxid	10.000 – 23.000	3 – 5
Nikotin	1.000 – 2.500	3
Blausäure (Cyanwasserstoff)	400 – 500	0,1 – 0,3
Phenol	60 – 140	2 – 3
Formaldehyd	70 – 100	0,1 – 50
Benzol	12 – 48	5 – 10
Staubpartikel (PAK-haltig)	15.000 – 40.000	3 – 5

Jetzt wäre auch ich als Raucher emotional ausgestiegen! Im ersten Beispiel habe ich für den Nichtraucher den falschen Köder ins Becken geworfen, für den Raucher allerdings den richtigen. Im zweiten Beispiel habe ich das WAS und das WIE verkauft – und nicht das WARUM.

Übertragen wir das auf den Verkauf: Kann es sein, dass wir manchmal einfach den falschen Köder ins Becken werfen? Dass wir einem Nichtraucher eine Zigarette vor die Nase halten und uns wundern, wenn er die gar nicht haben will? Kann es sein, dass wir manchmal noch nicht einmal wissen, ob unser Kunde Raucher ist oder Nichtraucher? Und kann es sein, dass wir vor lauter WAS oder WIE vergessen, das WARUM ins Becken zu werfen? Dass wir lang und breit erklären, was unser Produkt ist und kann, und dabei ganz vergessen, zu erwähnen, was es tut?

Wir müssen den richtigen Köder in das Becken werfen. Das schaffen wir, indem wir

- ein Bild bei unserem Kunden erzeugen, mit dem wir ihn emotional berühren,
- für jeden Kunden das richtige Bild erzeugen,
- uns bewusst machen, dass wir kein Bild erzeugen, indem wir unser Produkt erklären.

2.5 Der klassische Verkaufsansatz – Scheitern vorprogrammiert

Übung 2.5:

Überlegen Sie sich mindestens eine Situation in Ihrem Leben,

a) in der Sie Ihren Verstand ausgeschaltet und sich im Nachhinein gefragt haben, wie Ihnen das passieren konnte:

_____

_____

b) in der Sie gegen Ihr Bauchgefühl gehandelt haben:

_____

_____

Rufen Sie sich Situation „a)" noch einmal vor Augen. Wie kam es, dass Sie sich – vielleicht sogar wider besseres Wissen – so verhalten haben? Dass Ihr Verstand oder Ihre Ratio plötzlich im

„Off" war? Ihr Bauch war in dem Moment stärker, oder? Und: Sie haben wahrscheinlich alle rationalen Argumente und Bedenken erst einmal zur Seite geschoben.

Kopf *und* Bauch!

Wie sah es denn bei Situation „b)" aus? Wahrscheinlich genau umgekehrt: Sie wussten intuitiv, was richtig und was falsch ist, aber Ihr Großhirn hat für kurze Zeit die Oberhand gewonnen. Die rationalen Argumente waren überzeugender.

In beiden Situationen haben Sie sich wahrscheinlich ziemlich schwergetan, eine Entscheidung zu treffen. Eventuell waren Sie auch nicht glücklich damit. Vielleicht haben Sie Ihre Entscheidung später sogar bereut oder wieder rückgängig gemacht. Genauso geht es Ihren Kunden. Nur den Kopf oder nur den Bauch zu aktivieren, das reicht eben nicht. Ihre Kunden werden sich nicht oder nur schwer entscheiden oder stornieren.

Fazit: Wenn Sie erfolgreich verkaufen und nachhaltig überzeugen wollen, funktioniert das nur, wenn Sie:

a) den Kopf *und* den Bauch Ihrer Kunden aktivieren,
b) *zuerst* den Bauch, also das Zwischenhirn, aktivieren und *dann* die Ratio zufriedenstellen.

Vom WAS zum WARUM
Ich verrate Ihnen jetzt den für mich einfachsten Verkaufsleitfaden dieser Welt. Er besteht aus den drei Worten:

Nur 3 Wörter!

1. WAS
2. WIE
3. WARUM

Mit diesen drei Worten haben wir uns in Kapitel 2.3 schon beschäftigt. Lassen Sie uns das Ganze nun vertiefen. Was genau schmeißen wir ins Becken und wo beißt der Kunde an?

1. WAS

Das WAS ist Ihr Produkt oder Ihre Dienstleistung. Es beantwortet die Frage: Was bieten Sie an, was verkaufen Sie? Das WAS beschreibt die objektiven Merkmale und Eigenschaften.

Das WAS kennt ein Verkäufer in der Regel zu 100%. Wir kennen unser Produkt und unsere Dienstleistung. Also, rein damit ins Becken.

Beispiele WAS:
- *CRM-Systeme für Finanzdienstleister*
- *Luxussportwagen*
- *Bankprodukte*

2. WIE

Das WIE ist der Nutzen Ihres Produkts. Es beantwortet die Frage: Wie funktioniert Ihr Produkt, wie ist es einzusetzen, wie sieht seine Leistung aus? Das WIE ist der allgemeine Nutzen.

Auch das WIE ist den meisten Verkäufern klar. Also, rein damit ins Becken.

Beispiele WIE:
- *Leistungsstarke, prozessoptimierende Kundenverwaltung*
- *Beschleunigung von 0 auf 100 in sechs Sekunden*
- *Bausparfinanzierung mit Festzinsgarantie*

3. WARUM

Der emotionale Nutzen

Das WARUM ist der emotionale Nutzen. Es beantwortet die Frage: Warum gibt es Ihr Produkt oder Ihre Dienstleistung? Warum soll ich mich für Ihr Produkt entscheiden und nicht für das Ihrer Konkurrenz? Warum soll ich Ihr Kunde werden?

Was wären Ihre spontanen Antworten auf diese Fragen? Falls Ihnen jetzt Dinge wie

„... weil es uns seit über 100 Jahren gibt",

„... weil wir ein super Preis-Leistungs-Verhältnis bieten",
„... weil ich meine Kunden qualifiziert berate",

durch den Kopf gehen, tun Sie sich bitte den Gefallen und vergessen Sie solche Begründungen. Weshalb? Meinen Sie, Ihre Mitbewunderer würden etwas bahnbrechend anderes erzählen?

Auf der Suche nach dem WARUM
Das WARUM ist der emotionale Nutzen. Das ist der *persönliche* Nutzen Ihres Kunden – und damit ist es gleichzeitig Ihre Daseinsberechtigung als Verkäufer. Diesen Nutzen müssen Sie Ihrem Kunden liefern. Im Gegensatz zum allgemeinen Nutzen erklärt der persönliche Nutzen dem Kunden, was das Produkt für die Erfüllung *seiner individuellen* Bedürfnisse bedeutet. Der emotionale Nutzen beantwortet die Frage: „*Was habe ich ganz persönlich davon, wenn ich kaufe?*"

Das WARUM am Beispiel Geld:
- Das WAS ist das Blatt Papier.
- Das WIE ist die Kontobewegung.
- Das WARUM ist der Schokomuffin.

Der Emotionsköder

Das WARUM am Beispiel Altersvorsorge:
- Das WAS ist die Rentenversicherung.
- Das WIE ist die monatliche Auszahlung im Rentenalter.
- Das WARUM ist die Vermeidung der 3er-WG im Altenheim.

Das WARUM ist der Emotionsköder. Den müssen wir finden und treffen. Dann sind wir im Zwischenhirn. Können Sie sich vorstellen, dass das Finden des WARUM vielen Verkäufern und auch Unternehmen unglaublich schwerfällt? Da wird das Blatt Papier verkauft, der Kontostand und die Überweisung – und das WARUM bleibt auf der Strecke. Vielen ist meist auch gar nicht klar, was der emotionale Nutzen des Kunden, der gerade vor ihnen sitzt, eigentlich ist. Und viele verkaufen dann auch noch in die falsche Richtung – bezogen auf das 3-Gehirne-Model. Sie verkaufen vom WAS zum WARUM.

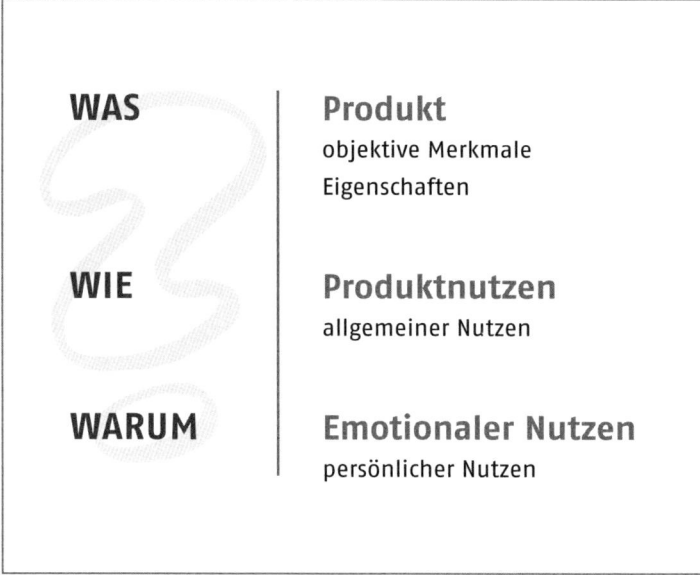

WAS	**Produkt** objektive Merkmale Eigenschaften
WIE	**Produktnutzen** allgemeiner Nutzen
WARUM	**Emotionaler Nutzen** persönlicher Nutzen

Das Erste, das wir im Verkauf finden müssen, ist das WARUM unseres Kunden.

Verkäufer oder Informationsbüro?

Weshalb wir uns austauschbar machen

Worüber reden wir am liebsten? Über Dinge, mit denen wir uns auskennen. Über Themen, bei denen wir uns sicher fühlen. Es ist also völlig logisch, dass wir im Verkauf mit dem WAS starten und dann mit dem WIE weitermachen. Die meisten Verkäufer tun das. Sie reden zuerst über ihr Produkt, ihr Unternehmen und dann über das, was ihr Produkt kann, also über den Nutzen. Oft war es das, und der Verkauf hört hier auf. Die Folge: Das WARUM bleibt auf der Strecke – und wir warten darauf, dass der Kunde kauft. Schließlich haben wir doch alles so schön erklärt. Sind wir Verkäufer oder sind wir ein Informationsbüro?

Übung 2.6:

Stellen Sie sich vor, Sie sind auf einer Geburtstagsfeier. Ihr Tischnachbar beginnt ein Gespräch mit Ihnen und fragt Sie irgendwann: „Und, was machen Sie beruflich?" Notieren Sie Ihre Antwort:

_____

_____

_____

_____

Können Sie sich vorstellen, was eine typische, fast reflexartige Reaktion auf diese Frage ist? Wir beantworten die Frage und erzählen, was wir beruflich machen. Wir bringen Aussagen wie:

„Ich bin unabhängiger Versicherungsmakler und erstelle Finanzkonzepte."

„Ich bin Immobilienmakler und suche für meine Kunden das passende Eigenheim."

„Ich bin Softwarespezialist und entwickle CRM-Systeme für die Dienstleistungsbranche."

...

Mal ehrlich, begeistern Sie solche Aussagen? Denken Sie dann: „Cool, den oder die will ich unbedingt kennenlernen. Da möchte ich mehr drüber wissen." Und sind wir mit solchen Aussagen im Zwischenhirn oder im Großhirn? Warum sollte sich Ihr Tischnachbar noch einmal mit Ihnen treffen wollen? Das WARUM ist irgendwie auf der Strecke geblieben.

2.5 Der klassische Verkaufsansatz – Scheitern vorprogrammiert

Einfach einzigartig!

Wenn Sie vom WAS zum WARUM verkaufen, und verkaufen beginnt schon bei der Vorstellung, stellen Sie sich selbst ein Bein. Sie adressieren Ihre Botschaft an den falschen Teil des Gehirns. Das WAS und das WIE haben doch hunderttausend andere Menschen und Unternehmen auch. Wie viele Leute kennen Sie, die Ihr Produkt oder Ihre Dienstleistung anbieten? Wie viele Leute kennen Sie, die Autos, Staubsauger, Telefone, Finanzdienstleistungen oder Bankprodukte verkaufen? Mit dem WAS und WIE sind Sie einer von vielen. Sie machen sich vergleich- und austauschbar und damit angreifbar. Die Konsequenz: Wenn Sie Pech haben, beraten Sie Ihren Kunden, machen ihn schlau – und abschließen tut er woanders. Sie verkaufen für die Konkurrenz. Die Lösung: Machen Sie sich mit Ihrem WARUM einzigartig.

Kollege: *„Wie schaffst du es, dass deine Kunden nie mit Quadratmeter-Diskussionen kommen? Und warum holen sie sich keine Vergleichsangebote?!"*

Ich: *„Keine Ahnung, das ist einfach so."*

Nur zwei kleine Unterschiede
Ich bekam diese Frage früher oft von Kollegen und befreundeten Verkäufern aus anderen Immobilienunternehmen gestellt. Und es gab eine Zeit, da hatte ich wirklich keine Ahnung, warum das bei mir anders funktioniert hat als bei den anderen. Mir war noch nicht einmal bewusst, dass bei mir etwas anders ist. Ich habe unbewusst das Richtige gemacht. Heute ist mir klar, wo der Unterschied zu vielen anderen Verkäufern lag. Im Wesentlichen habe ich zwei Dinge anders gemacht:

- Ich habe nicht das ins Becken geschmissen, was mein Produkt *ist*, sondern ich habe das ins Becken geworfen, was es *tut*.
- Ich habe also nicht die fremdvermietete Eigentumswohnung ins Becken geschmissen, sondern die 3er-WG im städtischen Altenheim. Ich habe den Verkaufsprozess umgedreht. Ich ha-

be meinem Kunden zuerst die Angst vorm Altenheim genommen (Das heißt: Zuerst habe ich herausbekommen, dass genau das sein wunder Punkt ist. Aber dazu später mehr …), ihn anbeißen lassen und ihm dann erzählt, wie er mit meinem Produkt genau sein Ziel reicht.

2.6 Der Profiling-Ansatz

Mein Verkauf startete beim WARUM und endete beim WAS. Ich habe damit – damals noch völlig unbewusst – zwei Dinge erreicht:

Das Erfolgsgeheimnis!

Ich habe das Zwischenhirn meines Kunden aktiviert. Ich habe den richtigen Knopf bei meinem Kunden, sein WARUM, gesucht. Wenn ich das WARUM gefunden hatte, dann habe ich genau dafür meinen Schokomuffin entwickelt.

Ich habe meinem Kunden den richtigen Fokus gegeben. Sein Fokus lag durch das WARUM nicht auf dem Produkt, sondern auf dem Kunden selbst. Auf seinen Bedürfnissen, Ängsten, Wünschen und Zielen. Unser Handeln folgt ja bekanntlich dem Fokus. Warum sollte mein Kunde jetzt irgendwelche Diskussionen über den Kaufpreis, den Mikrostandort der Immobilie oder die Mietrendite mit mir führen? Dafür gab es keinen Grund. Zumindest nicht zu diesem Zeitpunkt.

Ich habe meinen Kunden also erst anbeißen lassen, bevor ich mit dem WAS und dem WIE losgelegt habe.

Das Streben nach Stimmigkeit

Wie gesagt, erfolgreich verkaufen bedeutet, das Zwischenhirn und das Großhirn zufriedenzustellen. Menschen streben nach Konsistenz, nach Stimmigkeit. Das heißt: Hat das Zwischenhirn sich entschieden, tut das Großhirn alles, um diese Entscheidung rational zu bestätigen und zu rechtfertigen. Oder anders gesagt: Wenn Ihr Kunde sich emotional entschieden und

Erst anbeißen lassen!

angebissen hat, müssen Sie die Zahlen, Daten und Fakten so präsentieren, dass er seine Entscheidung vor sich selbst rechtfertigen kann.

Auf das Beispiel mit der Rentenversicherung übertragen bedeutet das: Hat unser Kunde sich entschieden, dass er im Alter auf keinen Fall irgendwann in besagter 3er-WG im städtischen Altenheim aufwachen will, dann ist die Immobilie das Mittel zum Zweck, um dieses Ziel zu erreichen. Nicht das, was das Produkt ist, zählt. Es zählt, was es für unseren Kunden tut.

Im klassischen Verkaufsansatz steht das Produkt in Relation zur Ratio unseres Kunden und in Relation zu anderen Produkten. Im Profiling-Ansatz steht das Produkt in Relation zu den Wünschen und Zielen unseres Kunden. Es steht in Relation zu seinen Emotionen.

Unser Produkt ist Mittel zum Zweck. Das Produkt ist das Vehikel zum WARUM unserer Kunden. Es steht in Relation zu seinen Emotionen.

Verkäufer: „Aber meine Kunden haben klare Vorstellungen. In der Regel kommt ein Kunde zu mir und sagt, was er will. Das sind meistens Zahlen, Daten und Fakten, da kann ich doch nicht mit dem WARUM kommen."

Wer sagt, dass wir alle Fragen beantworten müssen?

Schweigen ist Gold!

Kennen Sie solche Kunden? Vermutlich schon. Natürlich gibt es Kunden, die mit dem Wunsch nach Fakten und klaren Preis- oder Konditionsvorstellungen in ein Verkaufsgespräch kommen. Das heißt aber noch lange nicht, dass das auch die Dinge sind, die die Kunden wirklich zum Kauf bewegen. Glauben wir das, tappen wir in die Falle.

Ich gebe Ihnen ein Beispiel aus einem meiner letzten Seminare. Da ging es genau um diese Thematik. Ich habe Führungskräfte der Sparkasse trainiert:

Teilnehmer: *"Mein Kunde kam in die Bank wegen einer Baufinanzierung. Er hatte sich schon bei anderen Banken erkundigt und wollte von mir Vergleichskonditionen haben. Er hat mir die Eckdaten der Finanzierung gegeben und mich gebeten, ein Angebot zu erstellen."*
Ich: *"Und was haben Sie gemacht?"*
Teilnehmer: *"Na, ihm sein Angebot erstellt."*
Ich: *"Wie war das Ergebnis?"*
Teilnehmer: *"Die Mustermann-Bank war günstiger, und er hat die Baufinanzierung da gemacht. Aber was hätte ich tun sollen? Ich konnte bei den Konditionen nun mal nicht mithalten."*

Beispiel

Blöd, oder? Was hätten Sie in dem Fall gemacht?

Raus der Schublade!
Ein Kunde kommt mit klaren Wünschen und Vorgaben zu uns. Und was tun wir? Wir probieren, sie zu erfüllen. Ein Kunde fragt uns, was wir ihm bieten können. Und was tun wir? Wir beantworten seine Frage. Aber: Wo bleibt das WARUM?

Gehen wir auf das WAS unseres Kunden ein, folgen wir seinem Großhirn – und schießen uns aus dem Rennen. Wie mein Seminarteilnehmer in dem gerade beschriebenen Beispiel. Er lässt sich auf das Konditionenspiel ein und hat dadurch keine Chance mehr, das Rennen zu gewinnen. Irgendjemanden gibt es wahrscheinlich immer, der (vermeintlich) günstiger ist. Aber wer gibt die Spielregeln im Verkauf vor? Wir oder der Kunde? Wer legt den Fokus fest? Im Idealfall beide. Wenn Sie merken, dass Ihr Kunde Sie im Verkaufsgespräch in Richtung Großhirn steuert, haben Sie nur eine Chance: Machen Sie nicht mit! Steuern Sie gegen. Mit dem WAS oder mit dem WIE wird Ihnen das nicht gelingen. Sie brauchen das WARUM.

Wo bleibt das WARUM?

Bleiben wir beim Beispiel der Baufinanzierung:

Kunde: „Ich möchte bauen. Ich habe mir schon mehrere Angebote für eine Baufinanzierung eingeholt. Nun hätte ich gerne ein Vergleichsangebot von Ihnen."

Alternative 1: Klassischer Verkaufsansatz
- Sie lassen sich auf das Spiel ein.

Sie fragen: *„Was haben Ihnen die anderen Banken für Konditionen angeboten? Wie groß ist das Finanzierungsvolumen? Wann wollen Sie mit dem Bau fertig sein ...?"*

- Sie besorgen sich alle relevanten Eckdaten. Dann legen Sie los und berechnen Ihr Angebot.

Alternative 2: Profiling-Ansatz

Die Spielregeln bestimmen!
- Sie bestimmen die Spielregeln.
- Sie ignorieren, dass Ihr Kunde bereits andere Angebote hat, und Sie ignorieren vorerst auch seinen Wunsch nach einem Angebot.

Sie fragen, ehe Sie handeln: *„Ich berechne Ihnen selbstverständlich gerne ein Angebot. Aber vorher habe ich noch zwei Fragen an Sie. Ich möchte sicherstellen, dass es für uns beide Sinn macht, wenn ich für Sie tätig werde. Ist das okay?"*

Meinen Sie, Ihr Kunde sagt jetzt: „Nein!"? Können Sie sich vorstellen, dass alleine dieses Entree nicht das ist, was Ihr Kunde erwartet hat? Wenn Sie Glück haben, macht er schon jetzt eine neue Schublade auf und steckt Sie nicht automatisch in die gleiche Schublade, in der sich schon Ihre Mitbewerber munter tummeln.

Weiter im Profiling-Ansatz:

„Was sind zurzeit die größten Herausforderungen, die Sie sehen, wenn Sie an Ihren Hausbau denken?"

Lassen Sie Ihren Kunden antworten und machen Sie dann mit Ihrer zweiten Frage weiter:

„Was wünschen Sie sich von Ihrem zukünftigen Bankpartner am meisten?"

Mögliche Antworten auf diese Frage könnten sein:

„Mein größter Wunsch ist,
… dass ich die Raten immer bedienen kann,
… dass ich schnell fertig werde,
… dass keine unliebsamen Überraschungen kommen."

Im nächsten Schritt hinterfragen Sie die Antworten. Sie machen sich auf die Suche nach dem WARUM:

„Warum ist Ihnen denn der Zeitfaktor so wichtig?" Oder:
„Warum machen Sie sich Gedanken, dass Sie die Raten irgendwann nicht mehr bedienen können?"

Sie müssen herausbekommen, was die Emotion hinter der Ratio ist. Was ist die größte Angst, die Ihr Kunde hat? Oder was ist sein größter Wunsch? Sie müssen das WARUM hinter dem WAS erfahren. Und das geht nur durch Fragen. **Finden Sie das WARUM!**

Vielleicht kommt an Ende raus, dass ein Arbeitskollege Ihres Kunden kürzlich gebaut und sich mit der Finanzierung übernommen hat. Die Konsequenz: Er konnte die Raten nicht mehr bedienen, und die Familie hat ihr Haus verloren. Ihr Kunde hat nun Angst, dass ihm das auch passiert. Verständlich, oder? Und blöd, wenn Sie das nicht wissen.

Oder es kommt heraus, dass Ihr Kunde im Internet gelesen hat, dass man erst selbst vergleichen soll, ehe man einen Darlehensvertrag unterschreibt. Die logische Schlussfolgerung: Ihr Kunde recherchiert und versucht, die besten Konditionen zu bekommen. Blöd, wenn Sie das nicht wissen. Aber: Klarer Vorteil für Sie, wenn Sie das wissen. Kennen Sie das WARUM hinter den Aussagen Ihres Kunden, sind Sie wieder im Rennen. Sie können Ihre Verkaufspräsentation auf dem WARUM aufbauen und Ihren Emotionsköder entwickeln.

Das Gespräch könnte wie folgt weitergehen:

Profiler: *„Ihnen ist es also wichtig, dass Sie in Zukunft ruhig schlafen können und nicht ständig mit der Angst leben müssen, irgendwann Ihre Raten nicht mehr bedienen zu können."*
Kunde: *„Stimmt!"*
Profiler: *„Sie hatten eingangs erwähnt, dass Ihnen die Konditionen sehr wichtig sind. Glauben Sie wirklich, dass Sie wegen 50 Euro mehr oder weniger im Monat Ihren Verpflichtungen irgendwann nicht mehr nachkommen können?"*
Kunde: *„Nein, das glaube ich nicht. Es sei denn, ich verliere meine Arbeit."*
Profiler: *„Stimmt, dann hätten Sie ein Problem. Aber, wenn Sie arbeitslos sind, können Sie wahrscheinlich gar keine Raten mehr zahlen, oder?"*
Kunde: *„Ja, das stimmt."*
Profiler: *„Sie würden wahrscheinlich Ihr Haus verlieren. Meinen Sie nicht, es wäre sinnvoller, wenn wir uns erst mal darüber unterhalten, wie Ihnen so etwas nicht passiert und wie Sie sich vor diesem Mega-Gau schützen können, ehe wir über 0,1% mehr oder weniger sprechen?"*

Den Rest des Gesprächs überlasse ich Ihrer Fantasie. Hätten Sie sich auf die vom Kunden vorgegebene Konditionenschlacht eingelassen, wären Sie spätestens dann aus dem Rennen gewesen, wenn Ihre Mitbewerber deutlich bessere Konditionen geboten hätten.

Wir geben die Richtung vor

Richten Sie Ihren Fokus und somit auch den Fokus Ihres Kunden auf Ihre Stärken und nicht auf Bereiche, in denen Sie angreifbar sind. Sobald Sie das tun, lenken Sie den Verkauf automatisch weg von der Ratio – hin zu den Emotionen. Weg vom Erzählen und Beraten – hin zum „Verstehen-Wollen" und Fragen. Weg vom WAS – hin zum WARUM.

Vom WAS zum WARUM!

Erfolgreich verkaufen heißt, die Emotion hinter der Ratio herauszubekommen: Was ist das WARUM hinter dem WAS?

Übung 2.7:

Überlegen Sie sich – äquivalent zum Finanzierungsbeispiel – eine Situation aus Ihrem Verkaufsalltag. Was geben Ihnen Ihre Kunden gerne als Kaufbedingung vor und wo werden Sie immer wieder aus dem Rennen geschossen? (Beispielsweise beim Kaufpreis, beim Service, bei den Garantieleistungen oder den Wartungskosten …)

_____

_____

_____

_____

_____

2.6 Der Profiling-Ansatz

In welche Richtung können Sie Ihren Verkauf künftig steuern, um aus diesem Teufelskreis rauszukommen? Was sind die typischen Ängste und Wünsche Ihrer Kunden, die hinter den rationalen Argumenten stecken? Was sind Ihre Stärken, mit denen Sie auf diese Ängste und / oder Wünsche eingehen können:

_____

_____

_____

_____

2.7 Der richtige Köder – dein Schokomuffin

Machen Sie es sich leicht!

Was ist der Schokomuffin Ihres Produkts oder Ihrer Dienstleistung? Wenn Sie den nicht finden, machen Sie es sich im Verkauf unnötig schwer. Schauen wir uns noch ein Beispiel an. Ein Seminarteilnehmer erzählte mir von einem Kunden, dem er eine Eigentumswohnung verkaufen wollte. Das Ende vom Lied: Der Kunde hat sich für einen anderen Anbieter entschieden. Mein Teilnehmer konnte ihn nicht überzeugen. Er hat den richtigen Köder nicht gefunden:

Teilnehmer: *„Aber woher weiß ich denn, was der Schokomuffin bei meinen Kunden ist? Wie schaffe ich es, dass sie auch wirklich anbeißen? Was mache ich denn, wenn ein Kunde zu mir kommt und sagt, er sei nicht bereit, mehr als 100.000 Euro für seine neue Wohnung zu bezahlen?"*

Ich: *„Haben Sie denn Wohnungen in der Größenordnung?"*

Teilnehmer: *„Ja, aber nur eine. Deshalb bin ich auf die Suche nach weiteren Objekten gegangen."*

Was würden Sie machen? Auch suchen? Wie oft leisten wir dem (vermeintlichen) Wunsch unseres Kunden Folge und suchen. Wir finden vielleicht sogar ein oder zwei Alternativen. Wir präsentieren sie unserem Kunden, der bedankt sich für unsere Mühe und sagt: *„Vielen Dank, aber ich habe mich bereits für ein anderes Objekt entschieden."* Wumms! Kurz vorm Ziel gescheitert. Wir haben Zeit, Energie und Know-how investiert – und wofür?

Richtig blöd wird es, wenn wir dann noch nach dem Kaufpreis fragen und die Antwort bekommen: *„120.000 Euro. Ich habe doch mehr investiert, als ich dachte. Aber dafür fühlt sich unsere Tochter sicher. Das war es mir wert."* Wumms, die Zweite! Wie, sicher? Wie Tochter? Was meint Ihr Kunde? Wir wissen es nicht. Wir haben nicht gefragt. Wir kannten das WARUM unseres Kunden nicht. Ein anderer Verkäufer schon. Und der hat verkauft. Zu einem höheren Preis!

Fragen Sie sich zum Erfolg!

Wenn der Preis vorgeschoben ist
Ein entsprechender Profiling-Ansatz würde so aussehen:

Kunde: „Ich möchte eine Wohnung kaufen. Die Größe sollte maximal XX Quadratmeter sein, und der Kaufpreis darf 100.000 Euro nicht überschreiten."
Profiler: „Bevor wir uns näher damit befassen, habe ich zwei Fragen an Sie:
*Was ist Ihr schlimmster Albtraum, wenn Sie an Ihren Wohnungskauf denken? Was dürfte auf keinen Fall passieren?
Und was ist Ihre Idealvorstellung? Wie würde Ihr Wohnungskauf ablaufen, wenn es zu 100% nach Ihren Vorstellungen ginge?"*

Wir bringen den Kunden vom Großhirn ins Zwischenhirn:

Vom Großhirn ins Zwischenhirn!

Kunde: *„Das Schlimmste wäre, dass wir nichts finden und wir in unserer jetzigen Wohnung bleiben müssten. Unsere Idealvorstellung ist, dass wir innerhalb der nächsten vier Wochen unsere Traumwohnung finden."*

2.7 Der richtige Köder – dein Schokomuffin

Profiler: „*Warum wäre es denn so schlimm, wenn Sie in Ihrer jetzigen Wohnung bleiben müssten?*"

Kunde: „*Unsere Tochter kommt in zwei Monaten in die Schule. Auf dem jetzigen Schulweg müsste sie durch ein ziemlich unsicheres Viertel gehen. Da haben wir einfach Angst. Die Kleine übrigens auch.*"

Jetzt wissen Sie: Nicht der Kaufpreis ist der limitierende Faktor bei Ihrem Kunden, sondern die Zeit und damit verbunden die Angst um die Sicherheit der Tochter. Der Preis war ein Kriterium, aber nicht das kaufentscheidende.

Jetzt können Sie Ihren Schokomuffin entwickeln:

 Profiler: „*Ich verstehe Sie vollkommen. Die Sicherheit unserer Kinder ist das Wichtigste. Und ich habe eine super Nachricht für Sie: Ich habe genau das passende Objekt für Sie. Sie könnten schon nächste Woche einziehen. Und das Beste daran: Sie können Ihrer Tochter jeden Morgen völlig beruhigt nachwinken, wenn sie das Haus verlässt. Die Gegend ist absolut sicher und friedlich. Viele Mütter und Väter wohnen dort mit ihren Kindern. Wollen wir morgen besichtigen?*"

Erst Emotionen, dann Fakten!

Können Sie sich vorstellen, dass der Kunde jetzt schon angebissen hat? Ja?! Dann können wir weitermachen mit den Fakten und dem Preis:

 Profiler: „*Allerdings ist Ihre Investition für dieses Objekt etwas höher. Nämlich 200 Euro pro Quadratmeter. Aber im Endeffekt ist es ja ein Investment in Ihre Tochter. Ist es Ihnen das wert?*"

Können Sie sich vorstellen, dass der Kunde, der nicht mehr als 100.000 Euro für eine Wohnung bezahlen wollte, plötzlich bereit ist, 120.000 Euro auf den Tisch zu legen? Wir haben den richtigen Köder ins Becken geworfen. Wir haben unser Produkt, die Wohnung, in Relation zu den Emotionen unseres Kunden gesetzt. Wir haben es geschafft, sein WARUM zu treffen und zufriedenzustellen.

Übrigens: Alle Beispiele setzen immer voraus, dass der Kunde auch die finanziellen Mittel hat, sich sein WARUM leisten zu können. Wenn nicht, liegt die Entscheidung außerhalb unseres Einflussbereichs, und wir brauchen uns nicht weiter damit zu befassen.

Stellen Sie Fragen
Den richtigen Köder finden wir nur, wenn wir fragen. Zudem ist es wichtig, dass wir uns von der Faktenebene auf die Emotionsebene begeben.

Verkaufen wie ein Detektiv!

Ich vergleiche uns Verkäufer mit Detektiven. Wir müssen wissen, wer vor uns sitzt. Wir müssen wissen, was unseren Kunden bewegt, was er denkt und was er fühlt. Wir müssen wissen, was seine größte Angst ist und was sein stärkster Wunsch. Wir müssen zum Profiler unseres Kunden werden. Und das heißt: *Wir müssen fragen, was wir wissen wollen.*

Denken Sie an Ihre letzten Verkaufsgespräche. Wie hoch war Ihr Redeanteil? Und wie hoch war der Redeanteil Ihrer Kunden? Achten Sie bei Ihren künftigen Gesprächen bewusst darauf, ob Sie

a) mehr reden oder mehr fragen,
b) mehr reden als Ihr Kunde.

Einer meiner ersten Vertriebschefs sagte zu mir: *„Porschi, kannst du nicht überzeugen, musst du verwirren."* Okay, das ist auch eine Taktik. Wenn Sie Ihren Kunden nur einmal sehen wollen und dann nie wieder, wenn Sie keinen Wert auf Empfehlungen oder Folgegeschäfte legen und wenn es mit Ihrem verkäuferischen Gewissen eher dünn aussieht, dann handeln Sie so. Ansonsten werden Sie zum Profiler. Labern Sie nicht, verlieren Sie sich nicht in stundenlangen Produktpräsentationen, sondern finden Sie heraus, wie Ihr Kunde tickt, und überzeugen Sie ihn nachhaltig.

Den richtigen Köder finden wir durch fragen, nicht durch reden.

Der Köder muss dem Kunden schmecken

Nicht labern, überzeugen!

Wie kommt es eigentlich, dass wir im Verkauf so gerne so viel erzählen? Vermutlich kommen, je nach persönlicher Präferenz und Persönlichkeit, mehrere Dinge zusammen. Wir gehen davon aus, dass wir nur überzeugen können, wenn wir uns, unser Produkt oder unser Unternehmen bestmöglich präsentieren. Dann kommt unser Fachwissen dazu. Im ersten Kapitel haben wir uns schon mit dem Unterschied zwischen Wissensbesitzern und Wissensbenutzern befasst. Je länger wir im Verkauf sind, desto mehr wissen wir über unser Produkt und vermeintlich auch über unseren Kunden. Und desto mehr wollen wir unseren Kunden an unserem Wissen teilhaben lassen.

 In einem meiner letzten Seminare habe ich meine Teilnehmer gefragt, was ihnen das Leben als Verkäufer schwer macht. Ihre Antwort: dass sie zu oft für ihren Kunden entscheiden und zu wissen glauben, was gut für ihn ist. Denken Sie einmal darüber nach. Könnte Ihnen das auch passieren?

Ein Teilnehmer aus der Druckindustrie meinte: „Ich verstehe überhaupt nicht, dass nicht alle Kunden so überzeugt von meinem Produkt sind, wie ich selbst. Ich spreche immer total begeistert darüber, was unser Unternehmen und unsere Druckereisoftware alles leisten. Daher ist es ein Rätsel für mich, warum der Funke bei einigen Kunden einfach nicht überspringen will."

Für wen ist der Köder?

Die Antwort für beide Beispiele ist einfach: „*Der Köder muss dem Fisch schmecken und nicht dem Angler!*" Vermutlich kennen Sie diesen Spruch. Nur weil wir begeistert sind von unserem Produkt, heißt das noch lange nicht, dass unser Kunde das auch ist. Nur weil wir davon überzeugt sind, dass unser Produkt alle Probleme unseres Kunden löst, heißt das noch lange nicht, dass unser Kunde das auch so sieht. Um herauszufinden, welcher Köder dem Kunden schmeckt, müssen wir fragen und nicht reden. Die beste Überzeugungsstrategie ist die, bei der unser Kunde sich selbst überzeugt: *Stellen Sie Fragen, lassen Sie Ihren Kunden reden, lassen Sie ihn sich selbst überzeugen – und lassen Sie dann ihn kaufen.*

Ein weiterer Grund, weshalb wir gerne so viel reden: Wir glauben, wenn wir reden, würden wir das Gespräch steuern. Zudem denken wir, dass wir so ganz nebenbei die Anzahl der möglichen Bedenken und Einwände der Kunden reduzieren könnten.

Ist das wirklich so?

Nehmen wir noch einmal das Beispiel mit der Baufinanzierung aus Kapitel 2.6. Entweder reagieren Sie wie in der ersten Alternative und erzählen Ihrem Kunden von Ihren super Finanzierungsangeboten, den tollen Konditionen und, und, und. Oder Sie handeln wie ein Profiler und lassen Ihren Kunden erzählen. Wer führt das Verkaufsgespräch? Der Verkäufer in Variante eins oder der Profiler in Variante zwei?

Können Sie sich vorstellen, dass der Verkäufer in der ersten Variante davon überzeugt ist, dass er das Gespräch führt? In seiner Welt mag das sogar stimmen. Sein Kunde will ein Angebot, und es ist seine Aufgabe, diesen Wunsch zu erfüllen. Er berechnet das Angebot und probiert mit verkäuferischem Geschick, die anderen Mitbewerber in einer Konditionenschlacht aus dem Rennen zu werfen. Der Verkäufer denkt, er hat das Zepter des Handelns in der Hand. Ist das wirklich so? Führt hier nicht eigentlich der Kunde? Er gibt vor, und der Verkäufer erfüllt. Solange der Verkäufer den Wunsch des Kunden bedienen und bessere Konditionen liefern kann, ist das kein Problem. Aber wie oft ist das der Fall? Und hat das noch etwas mit verkaufen zu tun oder ist das eher liefern?

Handeln wie ein Profiler!

In der zweiten Variante sieht das anders aus. Hier führt der Profiler. Er steuert den Kunden mit seinen Fragen genau da hin, wo er ihn haben will.

Verkaufen = Manipulation?!

„Aber das ist doch Manipulation. Das kann ich doch nicht machen."

Geht Ihnen so etwas gerade durch den Kopf? Ich habe diese Aussage zigmal gehört – von Verkäufern, Kollegen und Seminarteilnehmern. Und es stimmt. Verkaufen ist Manipulation. Haben Sie ernsthaft gedacht, verkaufen funktioniert ohne Manipulation? Wie soll das gehen? Das ganze Leben ist Manipulation. In dem Moment, in dem zwei Menschen aufeinandertreffen, wird manipuliert. In dem Moment, in dem Sie Ihren Fernseher anmachen, Ihr Radio anstellen oder auf die Straße gehen, werden Sie manipuliert. Was ist schlimm daran?

Alles ist Manipulation! Entweder der Kunde manipuliert uns, oder wir manipulieren den Kunden. Wir müssen uns bewusst sein, dass das so ist. Und wir müssen bereit sein, die Verantwortung dafür zu übernehmen. Die Frage ist, mit welchem Ziel wir manipulieren. Worauf liegt unser Fokus? Auf unserer Provision oder auf den Bedürfnissen unseres Kunden? Beides geht nicht. Wenn Sie in der Mitte eines Tennisplatzes sitzen, müssen Sie sich entscheiden, ob Sie auf die linke oder auf die rechte Spielhälfte schauen.

Wirklich schlimm finde ich Verkäufer, die allen Ernstes behaupten, sie würden nicht manipulieren. Es ginge ihnen nur um das Wohl ihres Kunden. Und am Ende verkaufen sie dem Kunden etwas – ohne auch nur eine einzige Frage gestellt zu haben. Ist klar!

Die wirkungsvollste Manipulation ist die, bei der Ihr Kunde sich selbst überzeugt.

Step 3: Die psychologische Landkarte

Kunde: „Bevor Sie mir Ihr Unternehmen und Ihr Produkt vorstellen, erzähle ich Ihnen erst einmal, wie ich ticke. Ich zeige Ihnen, wo der richtige Knopf ist, den Sie bei mir drücken müssen, und dann können Sie loslegen."

Und schon haben wir das WARUM unseres Kunden. Es wäre zwar schön, wenn das so funktionieren würde, tut es aber nicht. Wir müssen den richtigen Knopf bei unserem Kunden alleine finden. Wir müssen fragen. Aber was genau? Wonach suchen wir eigentlich? Wie werden wir zum Profiler unserer Kunden?

Wenn wir unseren Kunden lesen wollen, müssen wir seine psychologische Landkarte kennen. Die psychologische Landkarte liefert uns das emotionale Bild unseres Kunden. Sie hilft uns dabei, relativ schnell einzuschätzen, mit wem wir es zu tun haben. Und sie hilft uns dabei, unser Verkaufsgespräch vom WARUM zum WAS zu steuern und unseren Kunden genau da abzuholen, wo er steht.

Den Kunden lesen!

3.1 Die Grundlage: Emotionen

Zwei Menschen, die sich noch nicht kennen, treffen aufeinander. Sie haben ein Ziel: sich besser kennenzulernen. Sie wollen wissen: Wer sitzt da vor mir? Wie tickt er oder sie?

Ich spreche nicht von einem Verkaufsgespräch, sondern vom ersten Date. Können Sie sich noch an Ihr erstes Date mit Ihrem Partner erinnern? Die Ausgangssituation war wahrscheinlich ähnlich, wie oben beschrieben, oder? Wie ging es dann weiter? Vermutlich haben Sie sich beide bemüht, sich von Ihrer besten Seite zu zeigen. Und wahrscheinlich haben Sie und Ihr Partner nicht gleich alles von sich preisgegeben, sondern Ihren Informationsfluss (bewusst) gesteuert. Vielleicht haben Sie versucht, in kurzer Zeit möglichst viel über Ihr Gegenüber zu erfahren? Und vielleicht haben Sie gleichzeitig versucht, möglichst wenig über sich preiszugeben? Sie wollten rausfinden, ob es sich lohnt, weiter am Ball zu bleiben. So gesehen, ist das erste Date nichts anderes als ein Verkaufsgespräch. In beiden Fällen erstellen Sie, bewusst oder unbewusst, die psychologische Landkarte Ihres Gegenübers.

Wie ein Date! Das Date-Beispiel zeigt: Wenn wir uns wirklich für jemanden interessieren, laufen viele Dinge automatisch ab. Man muss uns nicht sagen: *„Stell Fragen!"* Man muss uns auch nicht sagen: *„Stell offene Fragen!"* Und man muss uns auch nicht sagen: *„Wenn du etwas erfahren möchtest, stell emotionale Fragen!"* Wir suchen automatisch das WARUM:

Er: „Ich bin Polizist."
Sie: *„Warum bist du denn Polizist geworden? Wie kam das?"* wäre eine vorstellbare, normale Reaktion im privaten Bereich, wenn „sie" einen Polizisten kennenlernt, oder?

Wie könnte diese Situation im Verkauf aussehen?

Kunde: *„Ich bin Polizist."*
Verkäufer: *„Das ist aber ein spannender Beruf! Da ist man sicher vielen Risiken ausgesetzt. Ich könnte Ihnen da ..."*

Können Sie sich vorstellen, dass das die typische Reaktion eines Versicherungsvertreters ist? Er hat vielleicht gelernt: Man muss den Kunden erst loben, eine zwischenmenschliche Ebene herstellen und dann das Gespräch geschickt auf das eigentliche Thema lenken. Und schon ist er im WAS und WIE seiner Versicherungslandschaft und hat das WARUM des Kunden übersprungen. Dummerweise ist es aber die Emotion, die darüber entscheidet, ob ein Kunde kauft oder nicht.

Ganz anders geht ein Verkaufsprofiler an diese Situation heran. Das Erste, was einen Profiler interessiert, ist das WARUM:

So arbeiten Profiler!

Kunde: „Ich bin Polizist."
Profiler: „Warum sind Sie Polizist geworden? Wie kam das?"
Kunde: *„Ich hatte mal die Idealvorstellung, die Welt etwas besser zu machen."*
Profiler: „Und, ist Ihnen das gelungen?"
Kunde: *„Leider nicht. Irgendwann bin ich in der Realität aufgewacht."*
Profiler: „Was hat Sie denn am meisten enttäuscht?"
Kunde: *„Dass ich ständig beschimpft und angegriffen werde. Dabei mache ich nur meinen Job."*
Profiler: „Haben Sie Angst davor, irgendwann so schwer verletzt zu werden, dass Sie Ihren Beruf nicht mehr ausüben können?"
Kunde: „Klar, davor haben alle Polizisten Angst."
Profiler: „Und dann? Sind darauf vorbereitet?"
Kunde: „Nein, nicht wirklich!"

Beispiel

Können Sie sich vorstellen, dass ein Versicherungsvertreter, der sein Verkaufsgespräch in dieser Art führt, jetzt alle Grundlagen hat, um seinen Emotionsköder zu entwickeln? Er hat begonnen, die psychologische Landkarte seines Kunden zu erstellen.

Können Sie sich auch vorstellen, dass viele Verkäufer privat das Gespräch in dieser Art geführt hätten, nicht aber geschäftlich, weil sie da etwas ganz anderes gelernt haben?

Was fehlt?

Was wir gelernt haben

Kommt Ihnen die folgende Abbbildung bekannt vor? In vielen Unternehmen ist das der klassische Verkaufsleitfaden. Wo in diesem Leitfaden geht es um den emotionalen Nutzen? Wo geht es um das WARUM? Vielleicht denken Sie jetzt: „Na, bei der Bedarfsanalyse!" Ist das wirklich so?

Der klassische Verkaufsleitfaden

Warm-up → Bedarfsanalyse → Produktpräsentation → Einwandbehandlung → Abschluss

Übung 3.1:

Rufen Sie sich ein Verkaufsgespräch, das typisch für Sie ist, in Erinnerung. Notieren Sie fünf Fragen, die Sie Ihrem Kunden stellen, um seinen Bedarf zu ermitteln:

___

___

___

___

___

Schauen wir uns eine klassische Bedarfsanalyse an, wie ich sie zigmal erlebt habe: Der Kunde trifft auf den Verkäufer. Nach einem kurzen, oft belanglosen Small-Talk startet der Verkäufer dann mit seiner Bedarfsanalyse.

Beispiel: Klassische Bedarfsanalyse
- *„Was genau haben Sie denn mit unserem Produkt vor?"*
- *„Wie viel Geld sind Sie bereit zu investieren?"*
- *„Gibt es Punkte, auf die Sie besonderen Wert legen?"*
- *„Was ist Ihnen wichtig, wenn Sie sich für unser Produkt entscheiden?"*
- *„Welchen Risiken sind Sie beruflich ausgesetzt?"*
- *„Wie viel Rendite möchten Sie mindestens erzielen?"*
- *„In welcher Zeit möchten Sie das Produkt geliefert haben?"*
- ...

Je nachdem, wie die Antwort ausfällt, beginnt der Verkäufer dann mit seiner Produktpräsentation. Hin und wieder stellt er noch seine mühsam antrainierten Zwischenfragen:

- *„Und, wie fühlt sich das bisher für Sie an?"*
- *„Wie würden Sie sich fühlen, wenn Sie das Produkt besitzen?"*
- ...

Bitte keine leeren Floskeln!
Stellen Sie sich vor, Sie fragen Ihr privates Date nach der Hälfte Ihres Kennenlerngesprächs: *„Und, wie hört sich das bisher für dich an?"* Nicht wirklich sexy! Schauen wir uns die klassische Bedarfsanalyse noch einmal an. Erfahren Sie mit diesen Fragen das WARUM Ihres Kunden? Das sind doch Fragen zum WIE, oder?

Das WIE genügt nicht!

Rufen wir uns noch einmal kurz den Unterschied in Erinnerung: Das WIE ist der allgemeine Nutzen. Das, was Ihr Produkt leistet und kann. Das WARUM ist der emotionale, also der individuelle Nutzen *des Kunden, der gerade vor Ihnen sitzt.* Mit dem WIE sind Sie im Großhirn; mit dem WARUM sind Sie im Zwischenhirn. Handelt es sich bei Ihren Fragen zu Übung 3.1 und bei meinen Beispielfragen um allgemeine Fragen oder sind sie individuell? Sind es Standardfragen, die Sie mehr oder weniger abgewandelt in jedem Verkaufsgespräch stellen? Betreffen diese Fragen Ihr Produkt beziehungsweise das, was Ihr Kunde mit dem Produktkauf verbindet? Oder betreffen sie die emotionale

Welt Ihres Kunden? Entwickeln Sie mit diesen Fragen eher die Produktlandkarte für Ihren Kunden? Oder erstellen Sie damit eher eine psychologische Landkarte?

An die Spitze! Damit wir uns richtig verstehen: Mit einer allgemeinen Nutzenargumentation und Bedarfsanalyse sitzen Sie relativ weit vorn im Verkäuferbus. Um an die Spitze zu kommen und da auch dauerhaft zu bleiben, müssen Sie aber noch einen Schritt weitergehen – den Schritt vom WIE zum WARUM. Vom Großhirn ins Zwischenhirn.

Klassischer Ansatz oder Profiling-Ansatz?

Schauen wir uns mögliche Antworten auf meine Beispielfragen an. Stellen Sie sich vor, Sie sind Bankangestellter, und das Produkt, das Sie verkaufen wollen, ist ein Bausparvertrag:

Verkäufer: *„Was genau haben Sie denn mit unserem Produkt vor?"*
Kunde: *„Ich möchte in fünf Jahren bauen."*
Verkäufer: *„Wie viel Geld sind Sie bereit zu investieren?"*
Kunde: *„Monatlich würde ich 500 Euro ausgeben."*
Verkäufer: *„Gibt es Punkte, auf die Sie besonderen Wert legen?"*
Kunde: *„Ich möchte flexibel zwischentilgen können."*

Können Sie sich vorstellen, dass einige Verkäufer jetzt mit ihrer Produktpräsentation starten würden? Aber das ist zu früh. Sie haben zwar schon viel über die Produktwelt Ihres Kunden erfahren, aber noch nichts über seine emotionale Welt. Die emotionale Welt verbirgt sich hinter seinen rationalen Antworten, und die müssen Sie in Erfahrung bringen. Im Verkaufsprofiling müssen wir weg von der Oberfläche und eine Ebene tiefer gehen. Eine Frage, die uns dabei hilft, ist: WARUM?

Die emotionale Welt Bleiben wir bei unserem Beispiel und stellen dem klassischen Verkaufsansatz den Profiling-Ansatz gegenüber:

Klassischer Ansatz
Verkäufer: „Was genau haben Sie denn mit dem Bausparvertrag vor?"
Kunde: „Ich möchte in 5 Jahren bauen. Wir wollen uns vergrößern."
Verkäufer: „Wie viele Quadratmeter benötigen Sie denn?"
Kunde: „160."
Verkäufer: „Bei 160 Quadratmetern könnte ich Ihnen Folgendes anbieten …"

Jetzt wissen Sie zwar, WAS Ihr Kunde will, aber nicht, WARUM er es will. Sie sind im Großhirn.

Ganz anders sieht es mit dem Profiling-Ansatz aus.

Profiling macht den Unterschied!

Profiling-Ansatz
Profiler: „Was genau haben Sie denn mit dem Bausparvertrag vor?"
Kunde: „Ich möchte in fünf Jahren bauen. Wir wollen uns vergrößern."
Profiler: „Warum wollen Sie sich vergrößern?"
Kunde: „Ich möchte endlich jedem meiner Kinder ein eigenes Zimmer geben können. Unsere jetzige Wohnung ist dafür zu klein."
Profiler: „Was ist denn, mal unabhängig von dem Bausparvertrag, Ihr größter Wunsch, wenn Sie an Ihr neues Haus denken?"
Kunde: „Also …"

Jetzt kennen Sie die emotionalen Beweggründe Ihres Kunden. Sie wissen, warum er sich für Ihr Produkt interessiert. Sie wissen jetzt aber auch: Es geht ihm primär gar nicht um den Bausparvertrag. Es geht ihm darum, dass jedes seiner Kinder endlich ein eigenes Zimmer hat. Jetzt sind Sie im Zwischenhirn. Und jetzt können Sie mit Ihrem Kunden seine psychologische Landkarte erstellen.

Ein weiteres Beispiel:

Klassischer Ansatz

Verkäufer: „Gibt es Punkte, auf die Sie bei Ihrer Bausparfinanzierung besonderen Wert legen?"
Kunde: „Ich möchte flexibel zwischentilgen können."
Verkäufer: „Was verstehen Sie darunter? Wann möchten Sie wie viel tilgen können?"
Kunde: „Alle fünf Jahre 10 %."
Verkäufer: „Da kann ich Ihnen unseren Tarif…"

WARUM will Ihr Kunde zwischentilgen? Welche Beweggründe treiben ihn an? Welche Dinge bewegen ihn emotional? Sie wissen es nicht. Sie sind wieder im Großhirn.

Die Treiber Ihres Kunden Und jetzt schauen wir uns das Ganze wieder im Profiling-Ansatz an.

Profiling-Ansatz

Profiler: „Gibt es Punkte, auf die Sie bei Ihrer Bausparfinanzierung besonderen Wert legen?"
Kunde: „Ich möchte flexibel zwischentilgen können."
Profiler: „Warum ist Ihnen eine Zwischentilgung so wichtig?"
Kunde: „Meine Tochter macht in fünf Jahren ihr Abitur. Bis dahin möchte ich möglichst viel abbezahlt haben, damit ich sie beim Studium unterstützen kann."
Profiler: „Was wünschen Sie sich denn beruflich für Ihre Tochter?"
Kunde: „Ich wünsche mir, dass sie mit dem Studium eine vernünftige Grundlage hat. Ich möchte nicht, dass sie irgendwann arbeitslos auf der Straße sitzt."

Es geht Ihrem Kunden in erster Linie gar nicht um die flexible Zwischentilgung. Sie ist nur Mittel zum Zweck, um seiner Tochter das Studium finanzieren zu können. Das heißt: Der wirkliche Treiber und die Emotion Ihres Kunden ist seine Tochter.

Können Sie sich vorstellen, dass Ihr Verkaufsgespräch ganz anders verläuft, wenn Sie die wahren Motive und Emotionen hinter den rationalen Aussagen und Wünschen Ihres Kunden kennen? Können Sie sich auch vorstellen, dass Ihr Kunde überhaupt keine Lust verspürt, mit Ihnen über Zehntelstellen hinter dem Komma zu diskutieren oder über irgendwelche Konkurrenzangebote, wenn Sie es schaffen, seine wahren Motive voll zu erfüllen?

Der Profiling-Ansatz mag Ihnen in meinen Beispielen logisch und völlig normal vorkommen. Aber in der Praxis agieren wir häufig anders. Wie oft geben wir uns mit der ersten Antwort des Kunden zufrieden und vergessen völlig, die Emotion und das WARUM dahinter zu erfragen? Achten Sie bei Ihren nächsten Verkaufsgesprächen bewusst darauf, ob Sie gerade vor der Ratio, dem Großhirn, stehen oder ob Sie schon im Zwischenhirn Ihres Kunden angekommen sind.

Sind Sie im Zwischenhirn?

Wir müssen die Emotion hinter der Ratio aufdecken.

Der richtige Leitfaden
Die psychologische Landkarte ist der Schlüssel zur emotionalen Welt Ihres Kunden. Ihr Produkt oder Ihre Dienstleistung sind nichts anderes als das Vehikel zum WARUM Ihres Kunden.

Spätestens jetzt dürfte Ihnen klar sein, was ich von antrainierten oder auswendig gelernten Standardfragen in der Bedarfsphase halte. Gar nichts! Mit einer Ausnahme: Am Anfang einer Verkäuferkarriere sind sie erlaubt und hilfreich. In diesem Stadium können sie einem noch „jungen" Verkäufer die Sicherheit geben, die er braucht. Als Profiler werfen Sie solche Fragen und Phrasen aber bitte in den Papierkorb.

Wenn Sie nicht sicher sind, ob eine Formulierung oder eine Frage passt, überlegen Sie einfach, ob Sie so auch mit Ihrer Freundin oder Ihrem Kumpel reden würden. Wenn nicht, ab in den Mülleimer damit!

Ihr Verkaufsnavigator! Als Gegenentwurf zum klassischen Verkaufsleitfaden in Kapitel 3.1 bekommen Sie jetzt meinen Profiler-Verkaufsleitfaden an die Hand. Er navigiert Sie sicher durch den Verkaufsprozess.

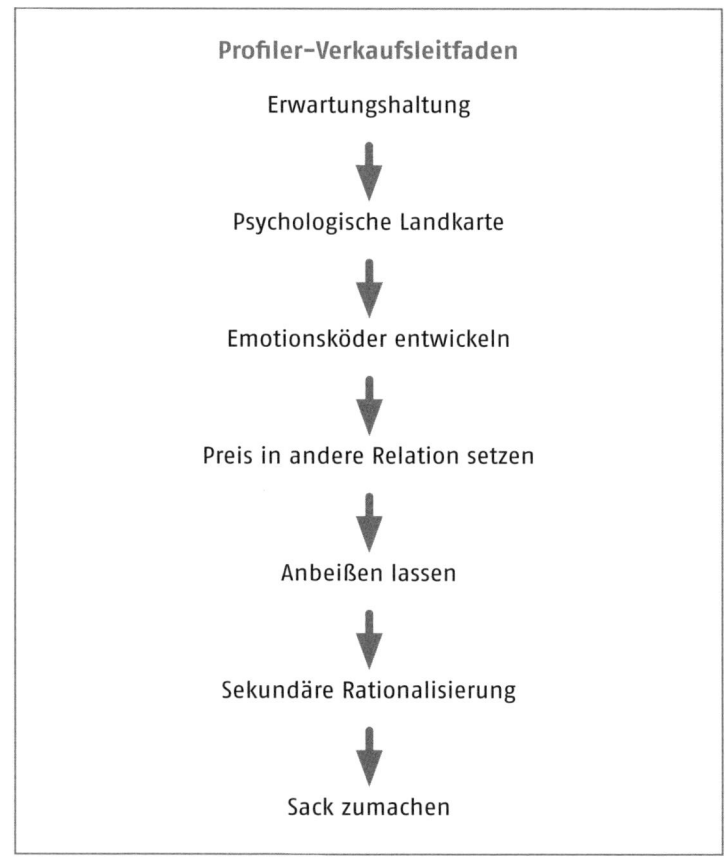

Mit diesem Leitfaden werden wir uns in den kommenden Kapiteln noch intensiv beschäftigen.

3.2 Die Grundpfeiler – was uns bewegt

Bei der Entwicklung der psychologischen Landkarte sind Sie natürlich nicht nur auf Ihre Intuition angewiesen. Es gibt Werkzeuge, die Ihnen dabei helfen, diese zu erstellen und zu entwickeln. Die relevanten Werkzeuge werde ich Ihnen nach und nach an die Hand geben.

Übung 3.2:

a) Notieren Sie die wichtigsten und vielleicht auch schwierigsten beiden Entscheidungen, die Sie in den letzten zehn Jahren getroffen haben:

_____

_____

_____

_____

b) WARUM haben Sie diese Entscheidungen getroffen? Schreiben Sie hier Ihr WARUM zu jeder Entscheidung auf:

_____

_____

_____

_____

Was uns in Bewegung setzt

Die beiden Hauptemotionen! Es gibt zwei Hauptemotionen, die jeden Menschen in Bewegung setzen. Sie entscheiden darüber, ob wir etwas tun oder nicht. Sie entscheiden auch darüber, ob ein Kunde kauft oder nicht.

Haben Sie eine Idee, welche Emotionen das sind?

Schmerz und *Freude*. Denken Sie mal darüber nach: Wir unternehmen verdammt viel, um Schmerz zu vermeiden. Wir wollen nicht, dass man uns wehtut. Auf der anderen Seite machen wir sehr viel, um Freude zu empfinden. Wir wollen, dass es uns gut geht. Wir bewegen uns von etwas weg oder auf etwas zu. Wir sind entweder „*weg-von-motiviert*" oder wir sind „*hin-zu-motiviert*".

Schmerz und Freude: Diese beiden Emotionen bilden das Grundgerüst der psychologischen Landkarte. Sie sitzen im Zwischenhirn.

Hin oder weg? Übung 3.2 (c):

Nehmen wir noch einmal Ihre beiden wichtigsten Entscheidungen der letzten zehn Jahre: Wovon wollten Sie weg? Und: Wo wollten Sie hin?

Was war Ihre „*Weg-von-Motivation*"?

_____

Was war Ihre „*Hin-zu-Motivation*"?

_____

Schauen Sie sich vor diesem Hintergrund noch einmal die Antworten des Kunden in Kapitel 3.1 an. Die Ausgangsfrage war: „Gibt es Punkte, auf die Sie bei Ihrer Bausparfinanzierung besonderen Wert legen?"

Die Antwort im klassischen Ansatz: „Ich möchte flexibel zwischentilgen können."

Keine Emotion. Weder Schmerz noch Freude. Weder „Hin-zu-Motivation" noch „Weg-von-Motivation".

Ganz anders sieht es dagegen bei der Antwort im Profiling-Ansatz aus: „Ich möchte nicht, dass meine Tochter irgendwann arbeitslos auf der Straße sitzt."

Die Motivation hinter diesem Bild: „weg-von". Der Kunde will weg von der Angst: „Meine Tochter lebt in Armut." Dabei müssen Sie ihm als Profiler helfen. Und nicht dabei, eine Bausparfinanzierung auszurechnen.

Ich sage es gerne noch einmal: Ihr Produkt ist das Vehikel zum WARUM Ihres Kunden. Wenn Sie es schaffen, das WARUM zu erfüllen, sind rationale Überlegungen, wie Preis, Konkurrenz oder Internetvergleiche, plötzlich sekundär.

Die Kraft der Emotionen!

Was tut Ihr Produkt?
„Aber das funktioniert doch bei meinem Produkt nicht. Das ist total unemotional!"

Es gibt Branchen, da höre ich solche Aussagen immer wieder. Ist das wirklich so? Selbst wenn Ihr Produkt an sich unsexy und unemotional ist, sind die Beweggründe, warum Ihr Kunde kauft, dann auch automatisch unemotional? Wenn Sie Ihrem Produkt Emotionen verleihen wollen, überlegen Sie, was Ihr Produkt tut, und nicht, was es ist. Finden Sie die Brücke von Ihrem Produkt zu den Emotionen Ihres Kunden.

Ein Beispiel: CRM-Software. Auf den ersten Blick nicht wirklich sexy. Alle Verkäufer und Entwickler von CRM-Tools, die Ihr das jetzt komplett anders seht: Verzeiht mir! CRM steht für Customer Relationship Management. Vereinfacht handelt es sich bei dem Produkt um eine Software, die dabei hilft, Kundenbeziehungen zu managen.

Wie machen wir dieses Produkt sexy und verleihen ihm Emotionen?

Der klassische Ansatz

Verkäufer: *„Ich verkaufe CRM-Software. Mit unserer Software können Sie Ihren Kundenbestand optimal verwalten und managen. Sie können so Ihr Beziehungsmarketing vertiefen und bla, bla, bla … Was ist Ihnen wichtig, wenn Sie sich für solch eine Software entscheiden?"*
Kunde: *„Dass wir die relevanten Daten schnell erfassen und bla, bla, bla …"*

Unsexy und unemotional, oder? Ich fühle weder Schmerz noch Freude. Ich will nirgendwo hin und von nichts weg.

So wird Ihr Produkt sexy! Und jetzt schauen wir uns das Ganze im Profiling-Ansatz an und machen die Nummer sexy.

Profiling-Ansatz

Profiler: *„Haben Sie sich schon einmal gewünscht, Ihre Kunden so an sich zu binden, dass Ihr Wettbewerb keine Chance mehr hat?"*
Kunde: *„Klar! Wer wünscht sich das nicht?"*
Profiler: *„Warum gelingt Ihnen das nicht? Was hindert Sie daran?"*
Kunde: *„Der Konkurrenz- und Preisdruck in unserer Branche ist groß. Wenn der Kunde woanders einen besseren Preis bekommt, ist er weg."*
Profiler: *„Ich habe festgestellt, dass viele Unternehmen einfach zu wenig über ihre Kunden wissen und sie daher an den Markt verlieren. Stellen Sie sich vor, Sie hätten künftig die Möglichkeit, Ihre Kunden so an sich zu binden, dass Ihr Wettbewerb ausgeschaltet ist. Wäre das für Sie interessant?"*
Kunde: *„Klar wäre das interessant, aber wie soll das funktionieren?"*

Erkennen Sie den Unterschied? Dasselbe Produkt, aber plötzlich sexy und emotional. Woran liegt das? Ganz einfach: Sie kennen den Schmerz Ihres Kunden und können Ihr Produkt dazu nutzen, diesen Schmerz zu lindern.

Fassen wir zusammen:

Klassischer Ansatz	Profiling-Ansatz
▪ bedient das WAS und WIE und somit das Großhirn, ▪ spricht die beiden Hauptemotionen Schmerz und Freude nicht oder kaum an, ▪ beschreibt den allgemeinen Produktnutzen und befriedigt die objektive Bedarfsanalyse.	▪ bedient das WARUM und somit das Zwischenhirn, ▪ spricht Schmerz und / oder Freude an und setzt den Kunden emotional in Bewegung, ▪ befriedigt den individuellen Nutzen.

Entscheidend ist, dass Sie es schaffen, mit Ihrem Produkt die beiden Hauptemotionen, Schmerz und Freude, Ihres Kunden zu treffen.

Es kommt auf die Geschichten an

Wie machen wir jetzt ein Produkt sexy und emotional? Nehmen wir eine Berufsunfähigkeitsversicherung. Auf den ersten Blick wahrscheinlich auch kein Produkt, bei dem die Kunden schreien: *„Wie geil ist das denn! Das will ich unbedingt haben!!!"* Eine Berufsunfähigkeitsversicherung an sich ist unsexy. Das, was das Produkt laut Beschreibung kann: *„Die Versorgungslücke schließen, die nach der staatlichen Absicherung im Fall einer dauerhaften Erkrankung mit daraus resultierender Berufsunfähigkeit entsteht."* Das ist der allgemeine Nutzen. Kann man haben, muss man aber nicht haben, oder?

Vom Schmerz zur Freude!

Aber *was tut* das Produkt individuell für Ihren Kunden? Und: Wie schaffen Sie es, das, was Ihr Produkt tut, so zu verpacken, dass es im Zwischenhirn Ihres Kunden ankommt? Wie schaffen Sie es, Botschaften wie „Versorgungslücke" und „staatliche Absicherung" zwischenhirngerecht zu verpacken? Die Antwort ist simpel:

Erzählen Sie Geschichten! Und zwar Geschichten, mit denen Sie den Bogen vom Schmerz zur Freude spannen.

„Stellen Sie sich mal folgende Situation vor: Sie kommen abends nach Hause. Auf dem Sofa sitzt Ihr Mann, völlig fertig. Er war beim Arzt. Die Diagnose? Rheuma! Die Folge: Ihr Mann kann seinen Beruf nicht mehr ausüben. Das Blöde: Sie haben sich nicht abgesichert. Sie sind nie davon ausgegangen, dass Ihnen das passieren könnte. Haben Sie eine Idee, wie Ihr Leben jetzt aussähe? Wie wäre es, wenn Sie ab morgen nur noch mit einem Gehalt auskommen müssten? Und was würde das für Ihre Hausfinanzierung bedeuten?"

Das ist eine mögliche Geschichte zum Thema: „Eine Berufsunfähigkeitsversicherung schließt die Versorgungslücke, die nach der staatlichen Absicherung im Fall einer dauerhaften Erkrankung mit daraus resultierender Berufsunfähigkeit entsteht." Mit der Erklärung sind Sie im Großhirn; mit der Geschichte in den Emotionen und im Zwischenhirn. Schicken Sie Ihren Kunden auf die emotionale Reise vom Schmerz zur Freude. Überlegen Sie sich realistische Szenarien, die eintreten könnten, wenn er sich nicht für Sie, Ihr Produkt oder Ihre Dienstleistung entscheidet. Was ist dann die Situation, *von der Ihr Kunde weg will?* Und was passiert, wenn er sich für Sie und Ihr Produkt entscheidet? *Wo will er dann hin?*

Wo will ich hin – wovon will ich weg?

Eine Geschichte erzählen!

Gute Ausgangsfragen für die Entwicklung Ihrer Geschichte sind: *„Wo will mein Kunde hin? Und wovon will er weg?"* Beim Beispiel der Berufsunfähigkeitsversicherung sieht das Ganze dann so aus:

Die „Weg-von-Motivation" einer Berufsunfähigkeitsversicherung: Ihr Kunde muss sein Leben von heute auf morgen radikal ändern, wenn er nichts tut. Das heißt: Abstriche ohne Ende.

Die „Hin-zu-Motivation" einer Berufsunfähigkeitsversicherung: Die Situation ist zwar blöd, aber nicht hoffnungslos. Ihr Kunde hat einen Partner an der Seite, der ihn in diesen schweren Zeiten unterstützt. Er ist nicht ruiniert und muss sich zumindest über den finanziellen Aspekt keine Gedanken machen. Er kann sein Leben gut abgesichert weiterleben und gegebenenfalls neu strukturieren.

Wichtig ist, dass Sie Ihren Kunden beide Phasen emotional durchleben lassen. Er muss beide Phasen erst fühlen, ehe er sie verstehen kann. Führen Sie Ihren Kunden vom Schmerz zur Freude. Nehmen Sie ihm erst weg, was er haben will, und dann geben Sie es ihm wieder. Das nennt man „Schnullereffekt".

Haben Sie schon einmal erlebt, wie ein Kind reagiert, wenn man ihm seinen Schnuller wegnimmt? Und können Sie sich an das glückliche Gesicht erinnern, wenn es den Schnuller wieder im Mund hatte? Egal, ob Kind oder Erwachsener: Wir wollen nicht, dass man uns etwas wegnimmt. Und wir sind glücklich, wenn wir etwas bekommen. Diese Situation müssen wir unseren Kunden fühlen lassen. Dabei stehen wir uns manchmal selbst im Weg.

Der Schnullereffekt

Die „WARUM-Sprache"
Wir werden immer kopflastiger, also großhirnlastiger, je älter wir werden. Achten Sie einmal bewusst auf Ihre Sprache und dann auf die Sprache von Kindern. Kinder reden intuitiv viel mehr im WARUM als Erwachsene. Wir haben uns das langsam abtrainiert beziehungsweise abtrainieren lassen. Mit jedem Jahr wächst die Informationsmenge, die wir unserem Großhirn zuführen. Wenn wir uns zwischendurch nicht immer wieder bewusst machen, dass da auch noch ein Bauch ist, der zufriedengestellt werden will, gerät der irgendwann in Vergessenheit.

Und Muskeln, die nicht trainiert werden, schrumpfen. Das gilt natürlich auch für unsere emotionale Welt und unsere Sprache.

Kleines Erzähltraining

Erzählen macht Spaß!

Die gute Nachricht: Ihre emotionale Welt und Ihre Sprache können Sie ganz leicht wieder mehr in den Blickpunkt rücken. Wie das geht? Erzählen Sie Geschichten. Nehmen Sie sich einen Monat lang zwei Tage in der Woche 20 Minuten Zeit und trainieren Sie, Geschichten zu erzählen. Geschichten über alles, was Ihnen so einfällt. Als Vorlage kann Ihr Privatleben dienen oder Ihr berufliches Umfeld. Entscheiden Sie sich für eine Situation und notieren Sie kurz in Stichpunkten die Fakten. Entwickeln Sie dann eine spannende Geschichte daraus. Achten Sie dabei darauf, die beiden Hauptemotionen Schmerz und Freude zu treffen. Sie werden sehen: Das macht sogar Spaß.

Hier ein Beispiel:

Ihr Kunde hat Ihnen verkündet, dass er sich noch Vergleichsangebote aus dem Internet einholen will, ehe er sich entscheidet. Sie haben daraufhin mit Fakten und Argumenten probiert, ihn davon zu überzeugen, dass Sie sowieso die bessere Wahl sind. Dadurch wollten Sie ihn von den Vergleichen abhalten. Wie könnte jetzt für dieses Beispiel eine passende Geschichte aussehen?

Weitere Beispiele und die entsprechenden Antworten finden Sie auf meiner Homepage unter: verkaufsprofiling.katja-porsch.de

Manipulation – erlaubt oder nicht?

Kauf oder Nichtkauf?

Kann man das wirklich machen? Ist das nicht schon wieder viel zu manipulativ? Ja, klar kann man das tun! Wir gaukeln unserem Kunden ja nichts vor oder erzählen ihm Dinge, die nicht der Wahrheit entsprechen (Wenn Sie das tun, ist das definitiv nicht das richtige Buch für Sie!). Mit den Geschichten lassen wir den Kunden *nachempfinden*, was ein Kauf oder Nichtkauf für ihn bedeutet. Je nach Ergebnis kann und wird er sich frei entscheiden.

Wir müssen die Folgen spüren
Nehmen wir noch einmal das Beispiel mit der Berufsunfähigkeitsversicherung. Im klassischen Verkaufsansatz erklären Sie Ihrem Kunden die Vorteile und den Nutzen Ihres Produkts. Und Ihr Kunde? Der wägt ab. Und zwar überwiegend rational: „Ich bin topfit. Ich war in den letzten 20 Jahren nie krank. Ich kenne noch nicht mal jemanden, der irgendwann in seinem Leben berufsunfähig wurde. Warum soll ich also jahrelang für etwas bezahlen, das wahrscheinlich sowieso nicht eintritt? Der Einzige, der daran verdient, ist der Versicherer. Das ist total sinnlos. Also, weg damit!"

Aus der rationalen Sicht des Kunden ist dieser Schritt vielleicht sogar nachvollziehbar. Aber wie würden die Überlegungen dieses Kunden im Profiling-Ansatz aussehen? Was passiert, wenn sein Zwischenhirn aktiviert wird?

Was aktiviert das Zwischenhirn?

Profiling-Ansatz
Profiler: „Genau das, was Sie da gerade sagen, hat Familie Müller auch gedacht. Herr und Frau Müller saßen vor fünf Jahren bei mir am Tisch und haben mir die gleichen Argumente entgegengebracht wie Sie.

Vor einem Jahr kam dann der Anruf. Rheuma. Chronisch. Von heute auf morgen, ohne Vorankündigung. Müllers hatten gerade ihr neues Haus gekauft und steckten mitten in der Finanzierung. Mit dem Gehalt von Frau Müller war noch nicht mal die monatliche Rate gedeckt.

Sie riefen mich völlig verzweifelt an, ob ich nachträglich noch was machen könnte. Konnte ich nicht. Es war zu spät. Das Haus wurde versteigert. Die Müllers zogen in eine kleine Wohnung und mussten von heute auf morgen mit der Hälfte ihres Geldes auskommen.

Niemand, dem so etwas passiert ist, ist vorher davon ausgegangen, dass es auch ihn treffen könnte. Das ist auch gut so. Sonst würden wir alle nur noch in Angst leben. Aber können Sie sich vorstellen, dass sich jeder, dem so etwas passiert, im Nachhinein wünscht, er hätte sich versichert?

Meinen Sie nicht, wir sollten darüber reden, wie Sie sich vor so einem Desaster schützen können, ehe es zu spät ist?"

Was glauben Sie, wie offen ist der Kunde jetzt dafür, mit Ihnen ein Gespräch über seine Versicherungen zu führen?

Erzählen Sie Ihrem Kunden Geschichten. Spannen Sie den Bogen vom Schmerz zur Freude. Nehmen Sie ihn mit auf eine emotionale Reise ins Zwischenhirn.

Von der Breite in die Spitze
Vielleicht ist es Ihnen schon aufgefallen: In den letzten Beispielen haben wir nicht nach dem WARUM des Kunden gefragt, sondern wir haben es ihm vorgegeben. Je nach Verkaufsphase kann es sinnvoll sein, dem Kunden mögliche Schmerz- und Freudeszenarien anzubieten, um dann mit gezielten Fragen sein persönliches WARUM herauszufinden.

Erst allgemein, dann konkret! Stellen Sie sich das Verkaufsgespräch wie einen großen Trichter vor. Oben, also zu Beginn des Gesprächs, ist der Trichter am breitesten. Denn: Hier sind wir sehr allgemein unterwegs. Klar, wir lernen den Kunden ja auch gerade erst kennen. Je mehr wir uns dem Abschluss nähern, desto konkreter und spitzer werden wir.

Übung 3.3:

Wählen Sie ein typisches allgemeines Nutzenmerkmal Ihres Produkts. Nennen Sie für dieses Merkmal jeweils fünf WARUMs, die die beiden Hauptemotionen Schmerz und Freude betreffen. Spannen Sie den Bogen vom Schmerz zur Freude. Überlegen Sie: Was könnte der Schmerz Ihres Kunden sein, wenn er Ihr Produkt nicht besitzt? Und: Was könnte die Freude sein, wenn er es hat? Achten Sie darauf, dass Sie mit Ihren Botschaften ins Zwischenhirn Ihres Kunden kommen.

Schmerz	Freude

3.3 Das Gerüst – die MÄRZ-Formel

Eine der Hauptherausforderungen beim Start des Verkaufsprozesses: Wir brauchen einen Anfang. Wir kennen den Kunden noch nicht und müssen herausfinden, wo er emotional unterwegs ist, wie er tickt und wie seine psychologische Landkarte aussieht. Bei der ersten Orientierung helfen uns die beiden Grundpfeiler der psychologischen Landkarte: Schmerz und Freude. Im nächsten Schritt des Verkaufsprofiling konkretisieren wir die psychologische Landkarte und bauen das Gerüst. Es besteht aus den vier Haupttreibern der beiden Hauptemotionen Schmerz und Freude. Diese Treiber sind unsere Motive, Ängste, Risiken und Ziele.

In die Tiefe gehen!

Ich habe festgestellt, dass es immer wieder diese vier Treiber sind, die darüber entscheiden, ob ein Kunde kauft oder nicht. Deshalb habe ich die *MÄRZ-Formel* entwickelt.

Die MÄRZ-Formel

		Ängste	Motive
M	= Motive		
Ä	= Ängste		x = WARUM
R	= Risiken		
Z	= Ziele		
		Risiken	Ziele

Der Haupttreiber Wir haben Motive, die uns antreiben, Ängste, die uns abhalten, Ziele, die wir erreichen wollen, und Risiken, die wir vermeiden wollen. Oft sind es mehrere Treiber, die einen Kunden antreiben oder abhalten. Aber es gibt einen Haupttreiber, das WARUM, das letztendlich darüber entscheidet, ob ein Kunde kauft. In der Abbildung säße das WARUM (X) unseres Kunden auf der Motivseite. Unser Job als Profiler ist es, diesem Treiber durch gezieltes Fragen auf die Spur zu kommen.

Was ist das für ein Mensch, der da vor uns sitzt? Wie tickt er? Was ist sein Schmerz und was seine Freude? Ist er eher „hin-zu-motiviert" oder „weg-von-motiviert"? Was hat er für Ziele und / oder Motive? Was hat er für Ängste und welche Risiken scheut er? Und was genau ist das WARUM, das ihn seine finale Kaufentscheidung treffen lässt? Das WARUM ist im Endeffekt nichts anderes als die emotionale Antwort des Kunden auf die Frage: „Warum will ich kaufen?" Und unser Job ist es, dem Kunden die Antwort auf diese Frage zu geben.

Die Entwicklung der psychologischen Landkarte

Beispiel: CRM-System Mit der psychologischen Landkarte kommen Sie dem WARUM des Kunden durch gezieltes Fragen Schritt für Schritt auf die Spur. Wie das genau funktioniert? Lassen Sie uns zur Verdeutlichung die psychologische Landkarte am Beispiel des CRM-Systems aus Kapitel 3.2 gemeinsam entwickeln. Die Rahmenbedingungen sehen wie folgt aus:

Verkaufsprozess: *Wir sind im Verkaufstrichter noch ganz oben, wir stehen am Anfang des Verkaufsprozesses.*

Produkt: *CRM-Software aus Kapitel 3.2.*

Ausgangslage: *Wir kennen das WAS und WIE unseres Produkts (z. B. Kundenbeziehungen vertiefen, Kundenbestand verwalten ...) und sind auf der Suche nach dem WARUM.*

■ **Schritt 1: Finden der beiden Grundpfeiler**
1. *Was ist der Schmerz unseres Kunden?*
   (Beispielsweise ständig in Preisschlachten unterzugehen und wegen des hohen Umsatzdrucks zu hohe Rabatte und zu viele Nachlässe zu geben.)
2. *Was ist die Freude beziehungsweise der Wunsch unseres Kunden?*
   (Beispielsweise den Umsatz zu steigern und frei von Konkurrenzdruck verkaufen zu können.)

Da Sie in dieser Phase noch keine detaillierten Informationen über Ihren Kunden haben, entscheiden Sie sich für ein *typisches Hauptproblem* und einen *typischen Hauptwunsch* Ihrer Zielgruppe. Das herauszufinden dürfte noch nicht das Problem sein. Denn: Erfahrungsgemäß ähneln sich die Grundbefürchtungen und Grundwünsche einer Zielgruppe.

Im nächsten Schritt lassen Sie das Bild, das Sie mithilfe der psychologischen Landkarte entwickeln, langsam konkreter werden.

■ **Schritt 2: Anwenden der MÄRZ-Formel**
Was sind die Motive, Ängste, Risiken und Ziele Ihres Kunden?

Motive, Ängste, Risiken und Ziele

Wie Sie das rausbekommen? Durch Fragen. Dank der MÄRZ-Formel wissen Sie, wonach Sie suchen. Demzufolge wissen Sie auch, was Sie fragen müssen.

Mögliche MÄRZ-Formel eines CRM-Software-Kunden:

1. Motiv: Endlich expandieren! Davon träumt der Kunde schon seit Jahren.
2. Ängste: Verdrängung durch die Konkurrenz.
3. Risiko: Zusätzliche Investitionskosten amortisieren sich nicht.
4. Ziel: Den Umsatz um 10 % erhöhen.

Das Bild der psychologischen Landkarte unseres Kunden wird konkreter. Aber wir sind immer noch zu weit an der Oberfläche. Antworten wie: „10 % mehr Umsatz, keine Amortisation, Expansion ..." betreffen die Ratio unseres Kunden. Sie sind die rationalen Erklärungen für die Emotionen, die sich hinter diesen Aussagen verstecken. Und diese Emotionen müssen wir herausbekommen.

Schritt 3: Herausfinden der Emotion
Warum will Ihr Kunde 10% mehr Umsatz machen?
Warum befürchtet er, dass sich seine Investition nicht amortisiert? Warum befürchtet er, von der Konkurrenz übernommen zu werden? Warum will er expandieren? Welche Bilder und Emotionen stehen hinter den Worten Ihres Kunden?

Mit den Fragen nach den Gründen für seine Antworten erfahren wir die Emotionen hinter der Ratio. Wir nähern uns so dem WARUM, dem Haupttreiber unseres Kunden. Der Haupttreiber setzt ihn in Bewegung und veranlasst ihn zum Kauf. Also fragen wir so lange weiter, bis wir die Emotionen und Bilder des Kunden hinter seinen vier Haupttreibern (MÄRZ) gefunden haben.

Schritt 4: Herausfinden des WARUM
Wir finden das WARUM unseres Kunden.

Wo sind die Emotionen unseres Kunden am stärksten? Was ist das, was ihn am meisten bewegt? Was ist sein WARUM? Das herauszufinden, das ist der letzte Schritt beim Erstellen der psychologischen Landkarte. Wenn wir bei den ersten drei Schritten aufmerksam zugehört haben, kennen wir auch die Antwort. Wir wissen, was unseren Kunden am stärksten bewegt. Dafür entwickeln wir dann den Emotionsköder, unseren Schokomuffin.

Was bewegt den Kunden?

Die anderen Treiber, die wir mithilfe der MÄRZ-Formel erfahren haben, merken wir uns. Vielleicht können wir sie zu einem späteren Zeitpunkt im Verkaufsprozess noch ergänzend und verstärkend einsetzen.

Das Trichterprinzip
Bei der Entwicklung der psychologischen Landkarte arbeiten Sie nach dem Trichterprinzip. Das heißt: Sie beginnen mit allgemeinen Fragen und werden dann immer konkreter. So nähern Sie sich Schritt für Schritt dem WARUM, dem Haupttreiber Ihres Kunden. Hier ein Überblick:

Entwicklung der psychologische Landkarte in vier Schritten nach dem Trichterprinzip

1. Trichter: Schmerz / Freude
- Was sind typische Schmerzen / Ängste, die Ihr Kunde hat?
- Was sind typische Freuden / Wünsche, die Ihr Kunde hat?

2. Trichter: MÄRZ-Formel
- Welche Motive, Ängste, Risiken und Ziele hat Ihr Kunde?

3. Trichter: Das Bild dahinter
- Welches Bild, welche Emotion verbirgt sich hinter der Aussage Ihres Kunden? Warum bewegt ihn das?

4. Trichter: Das WARUM
- Was ist der stärkste Treiber Ihres Kunden?

Übung 3.4:

Testen Sie das Gelernte! Testen Sie das eben Gelernte bei Ihren nächsten drei Kunden: Vervollständigen Sie die nachfolgende Tabelle. Die beiden Grundpfeiler, den möglichen Schmerz und die mögliche Freude, tragen Sie vor Ihren Kundengesprächen ein. Die MÄRZ-Formel und das WARUM ergänzen Sie dann nach Ihren Gesprächen.

Name	Schmerz / Freude	März-Formel	WARUM
		M Ä R Z	
		M Ä R Z	
		M Ä R Z	

Die MÄRZ-Formel ist das Gerüst der psychologischen Landkarte.

Weshalb wir uns oft selbst aus dem Rennen schießen

Verkäufer: „*Das funktioniert schon mit dem Verkaufen bei mir. Meine Kunden sind immer sehr zufrieden. Ich brauche das mit dem WARUM gar nicht. Das klappt auch so.*"

Ich: „*Super. Und was ist mit den Kunden, die nicht kaufen? Oder gibt es das bei Ihnen nicht?*"

Verkäufer: „Natürlich. Das ist doch normal. Aber das liegt dann nicht an mir."
Ich: „Woran liegt es denn dann?"
Verkäufer: „Am Produkt."

Kennen Sie solche Aussagen? Natürlich können Sie „Am Produkt!" jederzeit durch „Es lag am Preis, der Konkurrenz, den Umständen, dem Markt ..." ersetzen. Vielleicht lag es wirklich an diesen Dingen. Oder lag es einfach daran, dass wir das WARUM unseres Kunden nicht getroffen haben?

Schauen wir uns an, was passiert, wenn wir das WARUM oder den wirklichen Treiber unseres Kunden nicht kennen. Stellen Sie sich vor, Sie wollen Ihrem Kunden eine Rentenversicherung verkaufen. Sie sind total begeistert von Ihrem Produkt und diese Begeisterung übertragen Sie jetzt auf Ihren Kunden.

Am Abschluss vorbei!

Sie erzählen Ihrem Kunden, wie lange es die Versicherung schon gibt, was für ein super Rating sie hat. Sie reden über mögliche Teilauszahlungen, Renditeerwartungen, Sicherheiten ... Sie argumentieren im WIE, in Richtung „Hin-zu-Motivation" und Motiv. Ihren Kunden bewegt aber etwas ganz anderes.

Kein Treiber – kein Abschluss
Erinnern Sie sich an das Beispiel in Kapitel 2.4? Das Einzige, woran Ihr Kunde denkt, ist die 3er-WG im städtischen Altenheim und dass er da nie aufwachen möchte. Wie sehr interessieren ihn jetzt ein AAA-Rating der Versicherung, irgendwelche Renditeerwartungen oder mögliche Teilauszahlungen? Er will doch etwas ganz anderes. Oder besser: Ihn treibt etwas ganz anderes an. Das Dumme: Sie wissen es nicht. Deshalb argumentieren Sie an seinem wirklichen Treiber vorbei – und damit am Abschluss.

Lag es jetzt am Produkt, dass Ihr Kunde nicht gekauft hat?

3.3 Das Gerüst – die MÄRZ-Formel

Produkt oder Verkäufer? Der nächste Verkäufer geht anders vor. Er spart sich das WIE des Produkts, arbeitet mit Fragen und erstellt damit die psychologische Landkarte seines Kunden. Er erkennt: Sein Kunde ist „weg-von-motiviert" und das, was ihn bewegt, ist die Angst, in diesem Altenheim zu landen. Er entwickelt seinen Emotionsköder und gibt dem Kunden die Sicherheit, dass er seine Horrorbilder vom Altenheim vergessen kann, wenn er sich für ihn und sein Produkt entscheidet. Er hat den richtigen Treiber gefunden und bedient. Bravo! WARUM versenkt!

Können Sie sich vorstellen, dass derselbe Kunde auf einmal kauft? Und dass diesen Kunden plötzlich auch das WIE interessiert? Dass er plötzlich zuhört, wenn es um das AAA-Rating oder die Renditeerwartung geht? Er tut es, denn er hat angebissen.

Das Produkt spielt keine Rolle!
Im ersten Fall lag es nicht am Produkt, dass der Kunde nicht gekauft hat. Genauso wenig lag es im zweiten Fall am Produkt, dass der Kunde gekauft hat. Der erste Verkäufer hat es nicht geschafft, sein Produkt als Vehikel zum WARUM seines Kunden einzusetzen. Der zweite Verkäufer schon. Die Folge: Der Kunde hat gekauft.

Verkaufsstrategie Verkäufer 1

Ängste	Motive
x = WIE	
Risiken	Ziele

Verkaufsstrategie Profiler

Ängste	Motive
	x = WARUM
Risiken	Ziele

Drei Verkaufsfallen
Schauen wir uns die drei Fallen, in die unser erster Verkäufer getappt ist, genauer an. In den beiden Abbildungen sind die unterschiedlichen Strategien der beiden Verkäufer dargestellt. Das „X" symbolisiert den Verkaufsansatz. Der erste Verkäufer hat sich auf das WIE konzentriert; der zweite auf das WARUM.

■ **1. Falle: Falsche Motivation**
Der Kunde war „weg-von motiviert", der erste Verkäufer hat jedoch „hin-zu argumentiert".

■ **2. Falle: Falscher Treiber**
Der stärkste Treiber des Kunden war Angst. Der erste Verkäufer hat jedoch versucht, in Richtung Motiv zu verkaufen. Er wollte den Kunden begeistern, anstatt ihm die Angst zu nehmen.

■ **3. Falle: Falsches WARUM**
Das WARUM des Kunden ist das Altenheim, in dem er auf gar keinen Fall aufwachen will. Der erste Verkäufer hat das nicht erkannt und ist im WIE und der allgemeinen Nutzenpräsentation des Produkts steckengeblieben.

Ganz anders sieht es da beim zweiten Verkäufer, dem Profiler, aus. Er hat das WARUM erkannt, seinen Emotionsköder entwickelt und den Kunden anbeißen lassen.

Fazit: Oft liegt es nicht an unserem Produkt oder an dem vermeintlich zu hohen Preis, wenn ein Kunde nicht kauft. Es liegt an uns. Wir haben den richtigen Treiber nicht gefunden – und den falschen Köder ins Becken geworfen.

Verkaufen funktioniert nur auf Augenhöhe
Meine Lieblingskunden waren oft die Horrorkunden vieler anderer Verkäufer. Ich meine die Kunden, die schon bei zig anderen Anbietern waren, sich unzählige Informationen zum Produkt geholt und doch nicht gekauft haben. Kennen Sie diese „Wanderkunden"?

„Wanderkunden"

Ich habe sie aus einem ganz einfachen Grund geliebt: Bei ihnen ging es wirklich nur noch um die psychologische Landkarte. Das WAS und das WIE war ihnen durch die etlichen Verkaufsgespräche, die sie schon hinter sich hatten, bestens bekannt. Hier haben mir meine Vorgänger viel Arbeit abgenommen.

Das Entree dieser Kunden war meistens sehr eindeutig: *„Wir haben uns schon ein paar Angebote eingeholt. Aber überzeugen konnte uns noch keiner. Vielleicht schaffen Sie es ja. Was haben Sie denn zu bieten?"*

Ahnen Sie, was jetzt gleich passiert? Wir lassen uns auf das Spiel ein. Unser Kampfgeist ist geweckt, und wir versuchen, den Kunden zu überzeugen. Mit allen möglichen rhetorischen Mitteln probieren wir, den Kunden von unserem Angebot zu begeistern. Wie unsere Vorgänger! Damit begeben wir uns auf die WAS- und WIE-Ebene des Kunden. Und das Ergebnis? Zero!

Anders Als Alle Anderen

Hier haben wir doch nur eine Chance: AAAA – Anders Als Alle Anderen. Das war eines der wichtigsten Dinge, die mir mein erster Vertriebschef mit an die Hand gegeben hat. Er sagte zu mir: *„Wenn du Erfolg haben willst, musst du anders sein als alle anderen. Merk dir die vier As!"* Das habe ich.

Mit der Profiling-Methode sind wir anders als alle anderen.

„Wir haben uns schon ein paar Angebote eingeholt. Aber überzeugen konnte uns noch keiner. Vielleicht schaffen Sie es ja. Was haben Sie denn zu bieten?" Was habe ich also gemacht, wenn mir ein Kunde mit einer Aussage wie dieser entgegengetreten ist? Ich habe seinen Wunsch nach einem Angebot ignoriert. Erst einmal habe ich mir meine eigene Bühne geschaffen.

Ich habe nicht losgelegt, erzählt und probiert, meinen Kunden zu überzeugen, wie er das erhofft und erwartet hat. Ganz im Gegenteil: Ich habe gefragt. Ich habe meinen Kunden gefordert. Ich bin die vier Profiler-Schritte nach dem Trichterprinzip durchgegangen und habe seine psychologische Landkarte erstellt.

Fordern Sie Ihren Kunden

Sie werden sehen, wie schnell sich das Blatt im Verkauf wenden kann, wenn die Akteure die Position wechseln. Verkaufen funktioniert nun mal nur auf Augenhöhe. Wenn sie nicht gegeben ist, müssen wir sie halt herbeiführen:

Augenhöhe schaffen!

Ich: „Bevor wir uns näher mit Ihrem Wunsch befassen, was führt Sie zu mir? Wollen Sie wirklich eine Immobilie kaufen? Oder sind Sie nur an Informationen interessiert und sich noch gar nicht sicher, ob Sie überhaupt kaufen wollen?"

Jetzt mussten sich meine Kunden erst einmal positionieren. Oft kam dann:

Kunde: „Wir sind uns noch gar nicht so sicher."

Bingo! Darum ging es also. Was bringt es, mit dem WAS und dem WIE zu kommen, wenn das WARUM noch gar nicht klar ist? Deshalb habe ich mich erst einmal auf die Suche nach dem WARUM gemacht:

Ich: „WARUM denken Sie überhaupt darüber nach, eine Immobilie zu kaufen?"

Jetzt war ich im ersten Schritt des Profiling. Ich wollte herausfinden, ob meine Kunden eher „weg-von-" oder „hin-zu-motiviert" sind.

Und dann ging es weiter zum zweiten Schritt, der MÄRZ-Formel:

- „Warum haben Sie bei a), b) und c) nicht gekauft? Welche Punkte sprachen dagegen?"
- „Unter welchen Umständen hätten Sie gekauft?"
- „Was hätte der Verkäufer anders machen sollen?"
- ...

3.3 Das Gerüst – die MÄRZ-Formel

Ich wollte die Motive und Ziele meiner Kunden herausfinden, aber auch, was sie bislang abgehalten hatte. Wo lagen ihre Ängste und wo sahen sie Risiken?

Das Schöne bei „Wanderkunden" ist, dass sie durch ihre vielen Gespräche meistens ganz genau wissen, was sie *nicht* wollen. Wir müssen uns als Profiler diese Informationen nur besorgen – und schon erkennen wir, *was* sie wollen und wie wir sie packen können.

Das WARUM bedienen! Mit Schritt 1 und 2 hatte ich das Grundgerüst der psychologischen Landkarte erstellt. Nun musste ich die Bilder und Emotionen meiner Kunden hinter ihren Aussagen herausbekommen und ihr WARUM finden. Meistens habe ich das schon im zweiten Schritt erfahren. Nämlich durch die Antwort auf meine Frage: *„Warum haben Sie bei meinen Vorgängern noch nicht gekauft?"* In der Regel lag es daran, dass meine Vorgänger das WARUM einfach nicht bedient haben. Und das war mein Vorteil. Ich konnte danach fragen – und den Sack zumachen.

Was bei den „Wanderkunden" relativ einfach funktioniert, kann bei anderen Kunden oft der Fallstrick sein: Vielen Kunden ist ihr WARUM selbst noch gar nicht klar. Den „Wanderkunden" schon. Sie haben sich ja oft genug damit auseinandergesetzt.

Verkaufen funktioniert nur auf Augenhöhe!

3.4 Bilder

Warum sind Bilder so wichtig? Warum reite ich so auf diesem Thema rum? Warum reicht es nicht, wenn unser Kunde sagt, dass er expandieren oder mehr Umsatz machen will? Und warum kriegen wir so oft die Ratio zu hören und die Emotion dahinter, die bleibt uns verborgen?

Hinter diesem Verhalten stehen in der Regel mehrere Gründe:

- Unserem Kunden ist (noch) gar nicht bewusst, was ihn wirklich bewegt, oder er will es uns (noch) nicht mitteilen.
- Das Zwischenhirn kennt keine Sprache, unser Kunde muss übersetzen – wir auch.
- Das natürliche Sprachverhalten von Erwachsenen ist eher großhirngesteuert.
- Wir haben nach der Ratio gefragt, also bekommen wir auch die Ratio als Antwort.

Stark vereinfacht erfolgt zwischen uns und unserem Kunden ein zweifacher Übersetzungsprozess:

Der Übersetzungsprozess

1. Das Großhirn unseres Kunden übersetzt die Botschaft seines Zwischenhirns und versucht, das Ganze in Worte zu fassen.
2. Unser Großhirn empfängt den verbalen Teil der Botschaft des Kunden und übersetzt ihn für unser Zwischenhirn.

Das heißt: Nehmen wir die rationale Aussage unseres Kunden als Tatsache an, kann es sein, dass wir uns beim Erstellen der psychologischen Landkarte selbst aufs Glatteis führen.

Wir übersetzen das Gehörte, also die Ratio, mit *unserer psychologischen Landkarte*. Mit *unseren Bildern und Emotionen*. Was, wenn diese beiden Landkarten total unterschiedlich sind? Wenn wir Pech haben, argumentieren wir am richtigen Treiber vorbei – und schießen uns damit aus dem Rennen.

Hier zwei kurze Beispiele:

Unser Kunde sagt, ihm sei Sicherheit wichtig.
Und was machen wir? Wir bauen unsere Verkaufspräsentation auf Sicherheit auf.

Oder unser Kunde sagt, ihm ginge es vor allem um langjährige Erfahrung am Markt. Was machen wir? Wir erzählen lang und breit über unsere Erfahrungen und Marktpräsenz. Wir gehen auf die Wünsche des Kunden ein, erfüllen sie und beantworten seine Fragen. Das Ergebnis: Unserer Kunde kauft woanders – und wir verstehen die Welt nicht mehr.

Warum ist das so?

Nicht jeder tickt wie wir

Eine Frage – viele Antworten!

Was bedeutet eigentlich „Sicherheit" für Sie? Und was bedeutet das für Ihren Kunden? Oder was versteht er unter „langjähriger Marktpräsenz"? Und was verstehen Sie darunter?

Was passiert, wenn ich bei meinem nächsten Vortrag die Zuhörer frage: *„Was ist Sicherheit für Sie? Schreiben Sie die ersten drei Worte auf, die Ihnen dazu einfallen."* Können Sie sich vorstellen, dass wir höchstwahrscheinlich zig verschiedene Antworten im Raum haben?

Für den einen bedeutet Sicherheit vielleicht, expandieren zu können (Motiv). Für den anderen bedeutet Sicherheit, seine Mitarbeiter halten zu können (Ziel). Für den Nächsten, sich nicht von der Konkurrenz aufkaufen zu lassen (Risiko). Und für wieder einen anderen bedeutet Sicherheit, bei einer neuen Geschäftsbeziehung nicht übers Ohr gehauen zu werden (Angst).

Wir haben unterschiedliche Bilder und Emotionen zu ein und derselben Aussage. Wir haben unterschiedliche WARUMs. Und die müssen wir als Profiler herausfinden.

Die entscheidende Frage ist also: *Warum ist unserem Kunden Sicherheit so wichtig?*

- Weil er nicht von der Konkurrenz übernommen werden möchte.
- Weil er weiter expandieren möchte.
- Weil er seine Mitarbeiter halten möchte.
- ...

Fragen wir eine Stufe weiter, kriegen wir meist schon die relevanten Antworten. Wenn nicht, müssen wir uns halt weiter durchfragen, bis wir das richtige Bild und die passende Emotion gefunden haben.

Fragen Sie weiter!

In Kapitel 3.1 haben wir uns schon mit der Frage nach dem „Warum?" befasst, um die Emotionen unseres Kunden herauszubekommen. Jetzt können wir noch einen Schritt weitergehen und ergänzend dazu die MÄRZ-Formel einsetzen.

Warum ist unserem Kunden Sicherheit so wichtig?
Ist es ein Motiv, das hinter der Sicherheit steht? Sind es Ängste, die ihn umtreiben? Oder gibt es ein Risiko, das er vermeiden will? Oder ist es ein Ziel, das er erreichen will?

Wir machen unser Bild konkreter.

Übung 3.5:

Stellen Sie sich vor, Sie fragen Ihren Kunden, was ihm wichtig ist.
Ihr Kunde antwortet: *„Planbarkeit!"*
Was ist Ihre erste Intuition zu Planbarkeit?

_____

_____

Was bedeutet Planbarkeit bezogen auf Ihr Produkt? Finden Sie drei Stichpunkte, die Ihnen spontan einfallen, wenn Sie Ihrem Kunden die Planbarkeit Ihres Produkts erklären wollen:

1. _____

2. _____

3. _____

Jetzt überlegen Sie, welche Bilder und Emotionen bei Ihrem Kunden hinter dem Begriff „Planbarkeit" stehen könnten. Nehmen Sie die MÄRZ-Formel zu Hilfe. Was wäre ein Motiv für Planbarkeit? Welche Ängste könnten dahinterstehen, welche Risiken und welche Ziele?

M: _____

Ä: _____

R: _____

Z: _____

Schauen Sie sich Ihre Antworten an. Können Sie sich vorstellen, dass Ihr Verkaufsansatz bei allen vier Varianten der MÄRZ-Formel anders aussähe?

Ein anderes WARUM bedeutet einen anderen Verkaufsansatz.

Wie ticken wir?

„Behandle andere Menschen so, wie du selbst behandelt werden willst."

Glauben Sie, es ist ein guter Plan, mit dieser Einstellung durchs Leben zu gehen? Denken Sie kurz darüber nach. Ich habe Ihnen die Frage schon ganz am Anfang dieses Buchs gestellt.

Stellen Sie sich vor, ein Kollege definiert sich und sein Leben primär über zwei Dinge: täglich zwei Stunden Sport und Obst und Gemüse als Hauptnahrungsquelle. Und dieser Kollege verhält sich nun getreu dieser Definition und behandelt sein Umfeld so, wie er es für sich selbst für richtig hält. Wie viele Freunde wird er haben? Zumindest unter den Genussmenschen relativ wenige, oder?

Die Platinregel

Ich gebe Ihnen eine Alternative zu dieser Aussage. Sie stammt vom Kommunikationsexperten Tony Alessandra. Er hat sie die *Platinregel* genannt:

„Behandle andere Menschen so, wie sie behandelt werden wollen."   Die Platinregel

Kann es sein, dass diese Aussage mehr Sinn ergibt? Wer sagt denn, dass unser Gegenüber genauso auf Sport und Grünzeug stehen muss wie wir? Oder dass ihm dieselben Dinge wichtig sein müssen wie uns? Wer sagt denn, dass unser Kunde genauso begeistert sein muss von unserem Produkt oder einer Produkteigenschaft wie wir? Oder dass er genau das Gleiche unter dem versteht, was wir sagen, wie wir? Ist es nicht irgendwie vermessen, dass wir davon ausgehen, die ganze Welt müsste so ticken wie wir?

Wie oft habe ich Verkäufer erlebt, die der Meinung waren, sie wüssten schon, was gut für ihren Kunden ist. Sie wüssten schon, was er braucht. Sie wüssten schon, was der Kunde mit seiner Aussage meint. Sie sind von sich selbst ausgegangen – und oft gnadenlos gescheitert. Das Schlimmste daran: Sie wussten nicht einmal, woran es lag. Aus ihrer Sicht der Dinge ist das sicher verständlich.

Aber: Nicht unsere Brille entscheidet, sondern die Brille unseres Kunden.

Die richtige Brille aufsetzen

Kunden- oder Verkäuferbrille?

Wenn wir zum Profiler unseres Kunden werden wollen, müssen wir unsere Brille abnehmen und die Brille unseres Kunden aufsetzen. Und jeder Kunde hat eine andere Brille. Jeder Kunde sieht uns auch durch eine andere Brille, nämlich durch seine eigene. Das muss uns bewusst sein.

Genau, wie wir in die Aussagen unseres Kunden unsere Sichtweise, unsere Bilder und unsere Emotionen hineininterpretieren, macht das unser Kunde mit uns. Wir müssen also als Profiler sicherstellen, dass der Kunde dasselbe Bild hat wie wir, wenn wir ihm etwas verkaufen oder erklären möchten.

- *„Mit dieser Anlage haben Sie absoluten Inflationsschutz."*
- *„So schließen Sie Ihre Rentenlücke."*
- *„Die modulare Struktur sichert Ihnen ein umfassendes Management-Informationssystem."*
- *„Das ist eine absolut innovative Branchensoftware."*
- *…*

Welche Emotionen entstehen bei Ihnen, wenn Sie diese Aussagen lesen? Welche Bilder haben Sie jetzt? Vermutlich wenige bis gar keine. Sind wir Wissensbesitzer oder Wissensbenutzer? Wir neigen dazu, mit interner Branchensprache, mit Fachtermini um uns zu werfen, und gehen davon aus, dass der Kunde uns

a) versteht,
b) dasselbe unter den Fachbegriffen versteht wie wir,
c) in ihm dieselben Emotionen entstehen wie in uns.

Das ist sehr optimistisch. Wie soll das funktionieren? Unser Kunde hat doch in der Regel keinen oder nur wenig Bezug zu unseren Fachtermini. Woher auch? Wie soll er dann entsprechende Emotionen und Bilder haben? Kollegen untereinander verstehen sich ohne Probleme, zumindest in Bezug auf ihre Fachbegriffe. Aber: Sind Sie schon mal in ein Software-Unternehmen gegangen und haben zwei IT-Spezialisten bei ihrer Unterhaltung zugehört? Prost Mahlzeit! Wenn Sie nicht zur Gattung der IT-Spezialisten gehören, haben Sie wahrscheinlich wenig verstanden. Hier liegen also gleich zwei Fallen, in die wir tappen können:

■ Falle Nummer 1: Fachtermini
Streichen Sie Fachbegriffe aus Ihrem Wortschatz. Zumindest, wenn Sie verkaufen wollen. Sie können nicht davon ausgehen, dass Ihr Kunde das versteht. Oder dass er dasselbe darunter versteht wie Sie. Im Kollegenkreis können Sie die Fachbegriffe dann ja wieder rausholen.

Fachbegriffe streichen!

■ Falle Nummer 2: Wichtige Aussagen ohne Bilder
Achten Sie darauf, dass Sie Ihre wichtigen Botschaften zwischenhirngerecht in Bilder verpacken. Hinterfragen Sie Ihre Botschaften immer wieder. Überlegen Sie: „Hat mein Gegenüber jetzt ein Bild?"

Hier ein Beispiel:

Sie wollen erklären, wie sicher und bewährt Ihr Produkt ist. Dann könnten Sie es so beschreiben:

„Diese Software ist absolut sicher und hat seit Jahren so gut wie keine Reklamationen und Fehlerquoten."

3.4 Bilder

Hat Ihr Kunde jetzt Bilder? Nein! Denn: Sie sind im Großhirn. Oder Sie wählen den Profiling-Ansatz und konstruieren eine Geschichte rund um die beiden Hauptemotionen Schmerz und Freude:

Bilder verwenden!

„Stellen Sie sich vor, Sie sind mitten in Ihrer Produktion und plötzlich stürzt Ihr komplettes System ab. Softwarefehler. Ihr Betrieb steht still, nichts geht mehr. Die Telefone laufen heiß, verärgerte Kunden und ratlose Mitarbeiter. Was würde das für Ihren Umsatz bedeuten?"

Hat Ihr Kunde jetzt Bilder? Ja! Denn: Sie sind im Zwischenhirn.

Übung 3.6:

a) Wir gehen noch einmal zurück zu Übung 2.2. In dieser Übung haben Sie die Frage beantwortet: „Warum soll ich Ihr Kunde werden?"

Beantworten Sie diese Frage noch einmal. Diesmal aber nach den Profiling-Richtlinien und unter Zuhilfenahme der MÄRZ-Formel. Finden Sie für jeden der vier Treiber (MÄRZ) einen Grund, warum ich Ihr Kunde werden sollte.

_____

_____

Schauen Sie sich Ihre Antworten noch einmal an. Haben Sie Emotionen und Bilder erzeugt?

Vom Nutzen zur Story!

b) Konstruieren Sie jetzt für jede Ihrer vier Antworten stichpunktartig eine Geschichte – äquivalent zu meinem Softwarebeispiel. Spannen Sie den Bogen immer vom Schmerz zur Freude:

	Nutzen	Story
M:		
Ä:		
R:		
Z:		

Kunden ticken unterschiedlich. Verkaufsprofiling heißt, die eigene Brille abzunehmen und die Brille des Kunden aufzusetzen.

Step 4: AIDAplus

Wir haben uns jetzt intensiv mit dem WARUM befasst. WARUM kauft ein Kunde und wie werfen wir den richtigen Köder ins Becken? Wir haben gelernt, verkaufen funktioniert vom WARUM zum WAS. Und wir haben gesehen, wie wichtig es ist, die Emotionen und die Bilder hinter dem Gesagten herauszufinden. Aber *wann* ist der richtige Zeitpunkt, um den Köder auszuwerfen? Wann beißt unser Kunde an? Verkaufen ist im Endeffekt nichts anderes als ein stetiges Steigern des positiven Energielevels. In dem Moment, in dem die Energie am höchsten ist, machen wir den Sack zu.

Ich werde oft von Unternehmen angefragt, ob ich ihre Verkäufer in Abschlusstechniken trainieren könnte. Meine erste Frage: *„Worum geht es Ihnen? Was sollen Ihre Verkäufer nach dem Training besser können?"* Meist höre ich dann: *„Sie sollen ihre Abschlussquoten steigern."* Meine Antwort: *„Ok, dann machen reine Abschlusstechniken wenig Sinn."*

Ich gebe Ihnen ein Beispiel:

Stellen Sie sich einen 400-Meter-Läufer vor. Er ist bekannt für seinen Endspurt, für den Abschlusssprint. Der Startschuss fällt, er läuft los. Nach 250 Metern stürzt er. Er liegt am Boden. Er rappelt sich, steht wieder auf und läuft weiter. Wie hoch ist die Wahrscheinlichkeit, dass er das Rennen jetzt noch gewinnt? Eher gering, oder? Da hilft ihm sein sensationeller Abschlusssprint auch nicht weiter.

Wenn wir unseren Kunden am Ende des Verkaufsgesprächs, also kurz vor dem Abschluss, kurz vor der finalen Unterschrift verlieren, lag der Fehler meistens schon viel weiter vorne im Verkauf. Der Abschluss beginnt schon am Anfang des Verkaufsgesprächs – und nicht erst am Ende. Wenn wir unseren Kunden auf dem Weg nach Potsdam in Berlin verloren haben, dann brauchen wir in Potsdam nicht zu versuchen, ihn wieder einzufangen.

Wann beginnt der Abschluss?

4.1 Die vier Phasen bis zum Abschluss

Es gibt vier Phasen, die darüber entscheiden, ob ein Kunde kauft oder nicht. Wenn wir abschließen wollen, müssen wir es schaffen, den Kunden durch alle vier Phasen des Verkaufsprozesses zu führen. Und für jede dieser vier Phasen brauchen wir das passende Werkzeug.

Diese vier Phasen zum Abschluss sind A – I – D – A. Kurz: AIDA. AIDA kennen einige von Ihnen vielleicht bereits als Akquiseinstrument. Ich habe AIDA zum *„AIDAplus System"* erweitert:

Das AIDAplus System

1. Phase: **A**   = Attention (Aufmerksamkeit)
2. Phase: **I**   = Interest (Interesse)
3. Phase: **D**   = Desire (Verlangen)
4. Phase: **A** plus = Action (Abschluss)

Mit dem AIDAplus System erhalten Sie für jede Phase das relevante Werkzeug, also den richtigen Köder, um in die nächste Phase zu kommen. In welcher Phase Sie den Profiler-Verkaufsleitfaden einsetzen, den ich Ihnen in Kapitel 3.1 schon an die Hand gegeben habe, erfahren Sie in Kapitel 4.4. In meinem Buch *„30 Minuten Verkaufsabschluss"* gehe ich auf das AIDAplus

Ihr Verkaufswerkzeug

System als Akquise- und Controllinginstrument noch detaillierter ein. Jetzt interessiert uns AIDAplus in erster Linie als Profiling-Instrument.

Aufbau des Spannungsbogens
Ich habe es eingangs in diesem Kapitel schon erwähnt: Verkaufen ist der Aufbau eines Energielevels und Spannungsbogens. Der Spannungsbogen beginnt bei A und endet bei Aplus. Sie müssen als Erstes für Aufmerksamkeit sorgen und sicherstellen, dass potenzielle Kunden wissen, dass es Sie und Ihr Angebot gibt.

Übrigens: An dieser Stelle erwidern meine Seminarteilnehmer immer wieder: *„Das trifft auf uns nicht zu. Wir müssen nicht akquirieren. Meine Kunden wissen, dass es mich gibt."* Meine Frage: *„Super. Wissen Ihre Kunden auch, was Sie alles anbieten, oder kennen sie nur ein bestimmtes Produktsegment von Ihnen?"* Oft wird es dann sehr ruhig ...

Mit Akquise meine ich also nicht nur die klassische Neukundenakquise, sondern auch die Bestandskundenakquise. Das ist wichtig. Denn: Manchmal wird die Bestandskundenakquise sträflich vernachlässigt.

Von A zu Aplus

Energielevel steigern!

In der Regel ist das Energielevel in der Verkaufsphase A bei null. Wenn Ihre Branche gerade durch Negativschlagzeilen oder sonstige Skandale Presse macht, kann es durchaus sein, dass Sie sogar im Minusbereich starten. Dann haben Sie es etwas schwerer und müssen Ihren Kunden erst einmal wieder auf das Null-Level bringen.

Je nachdem, von wo aus Sie starten, bauen Sie den Spannungsbogen weiter auf. Dann gehen Sie in Phase I über. Ihr Ziel: Interesse wecken! Ihr Kunde kommt vom passiven in den aktiven Status. Das Energielevel steigt weiter, ebenso der Spannungsbogen, und Sie kommen in Phase D. Ihr Ziel: Ihr Kunde beißt an und sagt: „*Ich will kaufen.*" Die Spitze des Spannungsbogens ist erreicht. Das Energielevel bleibt kurz konstant und beginnt dann, langsam zu sinken. Jetzt kommen Sie in die letzte Phase Aplus. Die Erntephase. Ihr Ziel in der letzten Verkaufsphase: Sie holen sich die finale Unterschrift und machen den Sack zu. Den Spannungsbogen eines erfolgreichen Verkaufsgesprächs sehen Sie in der folgenden Grafik:

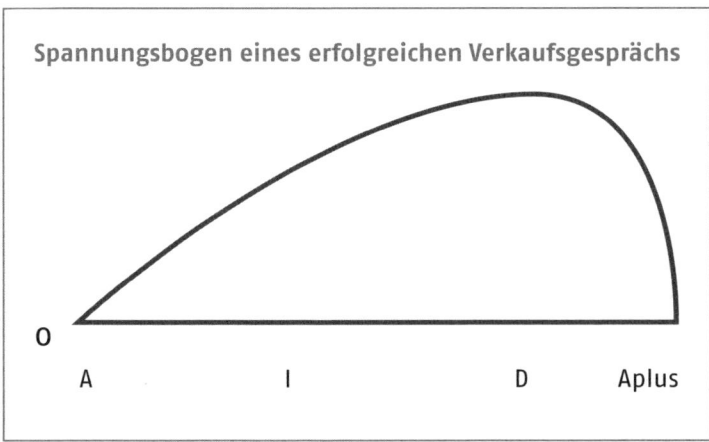

Kauf- und Erntephase
Wo kauft der Kunde? Was meinen Sie? Dort, wo das Energielevel am höchsten ist. Kunden kaufen in Phase D. Die *Abschlussphase* ist die reine *Erntephase*. Hat der Kunde bislang nicht angebissen, dann brauchen Sie gar nicht mehr zu probieren, den Sack zuzumachen. Da helfen Ihnen auch keine Abschlusstechniken mehr weiter. Wie gesagt: Wenn Sie Ihren Kunden auf dem Weg nach Potsdam in Berlin verloren haben, dann brauchen Sie in Potsdam nicht zu versuchen, ihn wieder einzufangen. Sie müssen zurück nach Berlin und hoffen, dass Ihr Kunde noch da ist.

Wann kommt der Köder ins Becken?
Was glauben Sie, wann werfen Sie den Köder ins Becken? Und in welcher Phase fangen Sie an, das WARUM aufzubauen und den Emotionsköder zu entwickeln?

4.1 Die vier Phasen bis zum Abschluss

Übung 4.1:

Rufen Sie sich Ihre letzten Verkaufsgespräche in Erinnerung. Wann haben Sie Ihren Köder ins Becken geworfen?

In Phase: _____

Kunden kaufen in Phase D. Hier ist das Energielevel am höchsten.

Steuern oder gesteuert werden?
Wenn Sie Ihren Verkauf von Anfang an steuern möchten und nicht von Ihren Kunden, unliebsamen Überraschungen oder den Umständen gesteuert werden wollen, dann werfen Sie Ihren Köder schon in der ersten Verkaufsphase aus. In Phase A. Aber: Werfen Sie nicht gleich den kompletten Köder ins Becken. Beginnen Sie häppchenweise!

Häppchenweise arbeiten! Wenn Sie Ihren Kunden schon am Anfang des Verkaufsprozesses, also noch vor dem eigentlichen Kontakt und noch weit vor dem eigentlichen Verkaufsgespräch, emotional in die richtige Richtung bewegen, haben Sie es nachher leichter. Ihr Kunde übrigens auch.

Vergleichen Sie den Verkaufsprozess mit einer guten Inszenierung im Theater oder der Oper. Sie bekommen am Anfang des Stücks lediglich eine Ahnung, worum es geht. Aber Sie wissen noch nicht genau, wie es weitergeht, und schon gar nicht, wie das Stück endet. Der Spannungsbogen steigt von Akt zu Akt. Ihre Neugier auch. Sie wollen wissen, wie es weitergeht. Zum Schluss kommt dann die Auflösung.

Was wäre jetzt, wenn Sie schon ganz am Anfang des Stücks erfahren würden, wer der Mörder ist? Oder ob die beiden Liebenden sich kriegen oder nicht? Spannung und Luft wären raus, oder? Denselben Effekt hat es, wenn Sie im Verkauf gleich am Anfang Ihr Produkt und Ihre Produktlösung ins Becken werfen. Sie drehen den Spannungsbogen um. Das Energielevel ist am Boden. Wir machen es unserem Kunden damit echt schwer, zu kaufen.

Bauen Sie den Spannungsbogen also wie in einem Krimi langsam auf. Werfen Sie nach und nach die emotionalen Häppchen ins Becken. Sprechen Sie in Bildern und arbeiten Sie sich langsam zum WARUM des Kunden vor. Lassen Sie Ihren Kunden anbeißen – und dann lösen Sie die Geschichte mit Ihrem Produkt auf. **Wie ein Krimi!**

Legen wir los!
Wir schauen uns jetzt alle vier Verkaufsphasen hintereinander an. Ich werde Ihnen für jede Phase das wichtigste Werkzeug beziehungsweise den richtigen Köder an die Hand geben. So kommen Sie sicher in die nächste Stufe. Also, legen wir los!

4.2 Phase A: Aufmerksamkeit schaffen

Stellen Sie sich vor, Sie haben grade richtig gut gegessen. Satt und zufrieden machen Sie einen Stadtbummel. Was glauben Sie, werden Sie die Bäckereien rechts und links von sich wahrnehmen? Wahrscheinlich nicht!

Stellen Sie sich jetzt vor, Sie haben seit fünf Stunden nichts mehr gegessen. Ihr Magen hängt auf halb sieben, und Sie machen denselben Stadtbummel. Wie sieht es jetzt mit Ihnen und den Bäckereien aus? Wahrscheinlich sehen Sie schon die allererste.

Übertragen auf den Verkauf bedeutet das: Wir müssen es als Erstes schaffen, dass unser Kunde uns wahrnimmt. Dazu reicht es nicht aus, wenn wir unser Produkt rechts und links zur Schau stellen. Wir müssen auch noch Hunger erzeugen. Sie erinnern **Hunger erzeugen!**

sich? Hunger ist ein Gefühl. Gefühle entstehen im Zwischenhirn. Wir müssen also schon in Phase A anfangen, unseren Köder auszuwerfen.

Stimmen Sie mir zu, dass die Homepage oft das erste Bild ist, das ein Kunde von uns hat? Wie sieht Ihre Homepage aus? Betrachten Sie Ihre oder die Homepages Ihrer Mitbewerber einmal unter den folgenden Gesichtspunkten:

Mit unserer Homepage wollen wir Aufmerksamkeit erzeugen. Idealerweise wollen wir aber noch mehr: Wir wollen von Phase 1 in Phase 2 kommen. Wir wollen, dass aus reiner Aufmerksamkeit echtes Interesse wird. Wir wollen, dass unser Kunde sich bewegt – und zwar zu uns hin. Schaffen Sie das mit Ihrer Homepage? Spricht Ihre Homepage das Zwischenhirn an oder eher das Großhirn? Gibt es Köder, mit denen Sie Hunger erzeugen? Oder lösen Sie das Theaterstück gleich auf und beschreiben mit Ihren Inhalten Ihre Dienstleistung, Ihr Produkt und Ihr Unternehmen? Reden Sie über das WARUM oder über das WAS und das WIE?

Hunger reicht nicht! Wenn Sie Hunger erzeugen, super! Aber das allein reicht nicht. Bleiben wir bei unserem Bäckereibeispiel. Nicht jeder Kunde, der durch die Fußgängerzone läuft, ist hungrig. Und wir schaffen es auch nicht, jeden hungrig zu machen. Wir müssen also dafür sorgen, dass so viele Kunden wie möglich durch die Fußgängerzone laufen. Wir müssen dafür sorgen, dass so viele Menschen wie möglich wissen, dass es uns gibt. Wenn Sie das nicht dem Zufall überlassen wollen, dann heißt es: akquirieren.

Wir haben also in der ersten Verkaufsphase gleich zwei Herausforderungen zu meistern:

1. Wir brauchen einen Köder.
2. Wir müssen Akquise planbar machen.

Die Akquisefallen
Können Sie heute schon mit relativ hoher Sicherheit sagen, wie viele Neukunden Sie im nächsten Monat akquirieren werden? Ist Akquise bei Ihnen ein geplanter Prozess oder ist sie eher ein Produkt des Zufalls?

Aufgepasst bei der Akquise!

Kennen Sie die beiden Hauptgründe, warum Akquise nicht funktioniert?

1. Wir haben gar keinen oder den falschen Köder.
2. Wir überlassen die Akquise dem Zufall.

Kommen wir erst einmal zum richtigen Köder. Welchen Akquiseköder werfen wir ins Becken?

Unser Verkaufstrichter aus Kapitel 3.3 ist in der 1. Phase am größten. Wir müssen es daher schaffen, möglichst viele Menschen mit unserem Köder zu erreichen.

Entwickeln Sie Ihren Akquiseköder
Schmerz und Freude: Wie schon beim Erstellen der psychologischen Landkarte helfen uns die beiden Hauptemotionen, wenn wir unseren Akquiseköder entwickeln.

Wo brennt's?

Was ist der „Hauptschmerz" Ihrer Zielgruppe? Und was ist die „Hauptfreude"? Gibt es Themenbereiche oder Herausforderungen, mit denen Ihre Kunden in der Mehrzahl zu kämpfen haben? Auf der anderen Seite: Gibt es ähnliche Ziele und / oder Wünsche bei Ihren Kunden? Falls es Ihnen spontan schwerfällt, diese Fragen zu beantworten, achten Sie bei Ihren nächsten Verkaufsgesprächen bewusst darauf: Wo brennt es bei meinen Kunden? Und: Was ist es, das sie sich wünschen?

Glauben Sie, dass Ihre Kunden weder Schmerz noch Freude haben? Dann beantworten Sie sich die Frage, warum sie dann überhaupt zu Ihnen kommen sollten. Ohne Zahnschmerzen gehen Sie auch nicht zum Zahnarzt. Okay, Prophylaxe und Vorsorgetermine ausgenommen. Aber auch da wollen Sie zukünftigem Schmerz vorbeugen, oder?

Hauptschmerz und Hauptfreude

Hier ein kleines Beispiel:

Angenommen, Sie verkaufen Lebensversicherungen. Dann ist Ihre Zielgruppe schon mal sehr groß. Ein Hauptschmerz Ihrer Zielgruppe könnte die Armut im Alter sein. Oder die Angst, die Familie nicht abgesichert zu haben. Eine Hauptfreude könnte Seelenfrieden im Alter sein. Oder die Sicherheit, gut für die Familie gesorgt zu haben, falls etwas passiert.

Je kleiner Ihre Zielgruppe ist und je besser Sie sie kennen, desto enger können Sie den Trichter fassen und desto genauer können Sie Ihren Köder auswerfen. Es geht in Phase A noch nicht um Ihr Produkt, sondern darum, dass Ihr Kunde Sie emotional wahrnimmt. Geben Sie daher nicht zu viele Informationen preis. Denken Sie wieder an Ihr erstes Date. Da haben Sie auch nicht gleich Ihr ganzes Pulver verschossen!

Rivella

Im Mai 2014 habe ich für den Schweizer Mittelstand auf dem KMU Forum in Baden einen Vortrag gehalten. Vor mir auf der Bühne war Alexander Barth, der Verwaltungsratspräsident der Rivella AG. Zum einen gilt dieses Unternehmen als eines der erfolgreichsten Getränkeunternehmen aus der Schweiz, zum anderen ist dieses Unternehmen für mich eines der besten Beispiele, wie man es schafft, von Anfang an den richtigen Köder auszuwerfen. Es ist für mich eines der besten Beispiele, wie man es schafft, das WAS und WIE eines Produkts, also: „ein Getränk, das Durst löscht", ins Zwischenhirn zu transportieren.

Was sehen Sie?

Schauen Sie sich das „Schaufenster" von Rivella unter www.rivella.com an. Fällt Ihnen etwas auf? Was sehen Sie? Sehen Sie das WAS und WIE? Oder sehen Sie eher das WARUM? Wird Ihr Großhirn angesprochen oder Ihr Zwischenhirn?

Die Vision von Rivella: Wir sind Zukunft: leidenschaftlich – erfrischend – erfolgreich. Die Zielgruppen: Junge Durstige und lebenslustige Familien.

Und diese Vision, diese Emotion ist klar zu erkennen und zu fühlen. Rivella erzeugt „Hunger". Von der ersten Phase an. Im Schaufenster, auf der Homepage, wird bereits der Köder ausgeworfen.

Das WAS und WIE von Rivella

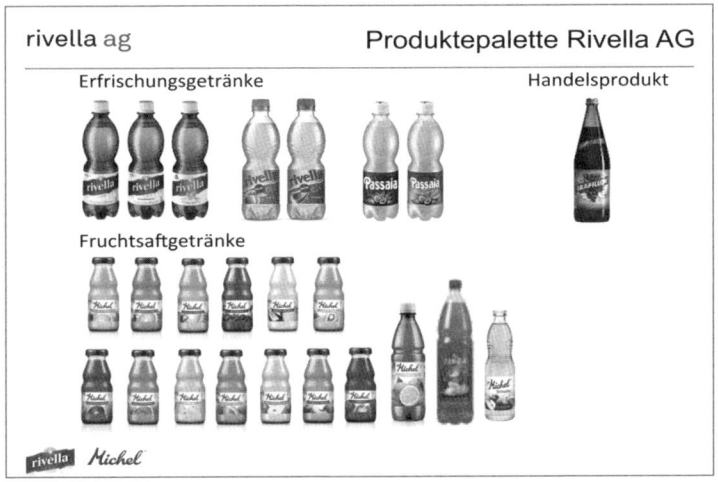

Das WARUM

4.2 Phase A: Aufmerksamkeit schaffen

Wir müssen unseren Kunden mit unserem Schaufenster hungrig machen.

Übung 4.2:

Entwickeln Sie für Ihr Produkt oder Ihre Dienstleistung sechs Akquiseköder. Jeweils drei für den Bereich Schmerz und drei für den Bereich Freude. Achten Sie darauf, Bilder und Emotionen zu erzeugen:

Schmerz: Freude:

_____   _____

_____   _____

_____   _____

Akquise planbar machen!   Kommen wir zur zweiten Herausforderung in Phase A: Akquise planbar machen.

Der AIDA-Faktor

Kennen Sie Ihre *genauen* Verkaufsabschlussquoten? Oder Ihre Akquiseabschlussquoten? Nein? Dann sind Sie in guter Gesellschaft. Ein Großteil der Verkäufer in meinen Seminaren oder Vorträgen kennt seine Quoten nicht. Die Frage ist: „*Wenn ich meine Quote nicht kenne, wie will ich dann ins Ziel kommen? Oder mich gezielt steigern?*"

Dazu ein Beispiel:

Stellen Sie sich vor, Sie beobachten einen 400-Meter-Läufer. Er trainiert jeden Tag. Irgendwann gehen Sie zu ihm und *fragen ihn:* „Und, wie ist Ihre Zeit?" Er antwortet: „*Keine Ahnung, ich stoppe meine Zeit nicht.*"

Was denken Sie jetzt? Hat irgendwie wenig Sinn! Genauso wenig Sinn hat es, wenn wir verkaufen wollen – ohne unsere Quoten zu kennen.

Was für einen Läufer die Zeit ist, sind für einen Verkäufer die Quoten. Ohne Quoten wissen wir nicht,

- in welcher Phase wir unseren Kunden verlieren,
- ob wir ins Ziel kommen,
- was wir machen müssen, um ins Ziel zu kommen,
- wie viele Leute an unseren Schaufenstern vorbeilaufen müssen, damit einer kauft.

Wie wollen wir ohne Quoten wissen, wie viele Menschen wir hungrig machen müssen, damit einer anbeißt?

Wenn wir das alles nicht dem Zufall überlassen wollen, brauchen wir ein Steuerungs- und Controllinginstrument, das uns durch den Akquise- und Verkaufsprozess ins Ziel führt. Dieses Instrument ist der AIDA-Faktor, Ihr zweites Werkzeug für die 1. Phase. Der AIDA-Faktor misst die Quoten, die Sie brauchen, um von der einen Phase in die nächste zu kommen. Mit den Quoten können Sie das Potenzial berechnen, das notwendig ist, um von A zu Aplus zu kommen. So wissen Sie, wie viele Leute an Ihren Schaufenstern vorbeilaufen müssen, damit einer kauft.

Quoten messen!

Der AIDA-Faktor

Phase	Faktor	Potenzial
A	20	240
I	6	12
D	2	2
Aplus		1

4.2 Phase A: Aufmerksamkeit schaffen

In der ersten Spalte sehen Sie die vier Phasen des Verkaufsprozesses. In der zweiten Spalte sehen Sie Ihre Quoten. Also den Faktor, den Sie brauchen, um von der einen Phase in die nächste zu kommen. Mithilfe Ihrer Quoten können Sie dann in der dritten Spalte das Potenzial berechnen, das Sie brauchen, um Ihr Abschlussziel zu erreichen. Mehr zu diesem Steuerungsinstrument erfahren Sie auf meiner Homepage unter verkaufsprofiling.katja-porsch.de oder in meinem Buch „*30 Minuten Verkaufsabschluss*".

Ohne Quoten kein Erfolg! Was passiert jetzt, wenn Sie Ihre Quoten nicht messen und demzufolge auch nicht kennen? Stellen Sie sich vor, Sie werfen im nächsten Monat 80 potenzielle Kunden ins System, den Monat darauf vielleicht 100. Für einen Abschluss bräuchten Sie aber 240. Was wird dann Ihr Verkaufsergebnis sein? Und das Blöde ist: Wenn Sie am Ende des Monats bei null auslaufen, wissen Sie noch nicht mal genau, woran es lag. Dann sind es vielleicht die Umstände, der Markt oder die ständigen Konkurrenz- und Preiskämpfe, die Sie dafür verantwortlich machen. Sie kommen gar nicht auf die Idee, dass es einfach nur am Potenzial gelegen hat.

Dazu kommt: Es kostet extrem viel Zeit und Energie, 80 oder 100 Kunden auf sich aufmerksam zu machen, zu akquirieren, für sich zu interessieren und zu beraten. Und wofür war der ganze Aufwand am Ende gut? Für nichts! Er war umsonst. Kurz vor der Ziellinie gescheitert.

Wenn Sie in Zukunft Ihren Verkaufserfolg steuern wollen, dann messen Sie ab sofort Ihre Quoten. Nehmen Sie sich immer drei Monate als Messzeitraum und werten Sie dann aus.

Verkaufsprofiler kennen ihre Zahlen und überlassen ihren Erfolg nicht dem Zufall.

Der AIDA-Faktor und der Akquiseköder

Den AIDA-Faktor können Sie sowohl für Neukunden als auch für Bestandskunden ermitteln. Verkäufer klagen mir oft ihr Leid, dass sie zu wenig Neukundentermine haben. Frage ich nach, wie es mit dem Cross- und dem Upselling aussieht, kommt: „Ach so, daran habe ich noch gar nicht gedacht." Oder: „Ja, darüber sollte ich mal nachdenken." Stimmt!

Cross- und Upselling

Was ist denn einfacher, als Kunden, die einen schon kennen, wieder zu aktivieren? Wir sparen Zeit, Energie und Geld. Wie oft hat ein Kunde nur eins von vielen Produkten einer Produktpalette. Warum nicht mehr oder alle? Aber natürlich müsste er erst einmal wissen, was wir alles im Programm haben. Und das erreichen wir mit einer gezielten Bestandskundenakquise.

Spannen wir wieder den Bogen zurück zum Akquiseköder. Bei der Bestandskundenakquise haben wir nicht nur andere Quoten als bei der Neukundenakquise, sondern wir brauchen auch unterschiedliche Akquiseköder.

In der Realität sieht es anders aus. Da erlebe ich häufig das Gegenteil. Es wird telefoniert, was das Zeug hält – immer mit demselben Leitfaden, Text und Köder. Wie soll das funktionieren? Unterschiedliche Zielkunden mit unterschiedlichen Zielsetzungen und Bedürfnissen brauchen nun mal unterschiedliche Köder.

Übung 4.3:

Entwickeln Sie äquivalent zur Übung 4.2 sechs Akquiseköder, aber diesmal für Bestandskunden. Als kleine Hilfe stellen Sie sich Ihre A-Kunden vor und überlegen Sie, was der Schmerz und die Freude bei diesen Kunden sein könnte.

Schmerz: Freude:

_____   _____

_____   _____

_____   _____

Verkauf ist kein Zufall! Über die Hälfte des Erfolgs im Verkauf macht die Vorbereitung aus. Legen Sie also nicht einfach blind und motiviert los, sondern machen Sie sich vor jeder neuen Akquiseaktion Gedanken, wie der passende Akquiseköder aussehen könnte. Wenn Sie dann noch mithilfe des AIDA-Faktors Ihre Quoten messen, können Sie sehen, welcher Köder besonders gut funktioniert und welcher nicht.

Entwickeln Sie für jede Situation den richtigen Akquiseköder, messen Sie Ihre Quoten und überlassen Sie Ihren Erfolg nicht dem Zufall.

4.3 Phase I: Interesse wecken

Wir haben unseren Akquiseköder, nun müssen wir ihn nur noch richtig auswerfen. Deshalb geht es jetzt in Phase 2.

In Übung 2.6 haben wir uns schon mit der Antwort auf die Frage *„Was machen Sie beruflich?"* befasst. Stellen Sie sich vor, Sie sind auf einem Geburtstag. Sie kommen mit Ihrem Tischnachbarn ins Gespräch und fragen ihn nach seinem Beruf. Die Antwort:

„Ich bin Rechtsanwalt, spezialisiert auf Wirtschafts- und Steuerrecht. Meine Kanzlei ist um die Ecke. Wollen wir uns mal austauschen?"

Falls Sie nicht gerade ein schlechtes Gewissen oder ein anhängiges Verfahren wegen irgendwelcher Wirtschaftsdelikte haben, wie viel Lust verspüren Sie auf ein nettes Plauderstündchen über das aktuelle Wirtschafts-und Steuerrecht in Deutschland? Vermutlich hält sich Ihre Begeisterung in Grenzen.

Was hat Ihr Gegenüber ausgeworfen? Einen Köder? Nein. Er hat das WAS ins Becken geschmissen – und das war's.

Haben Sie Hunger?!

Wir nehmen dieselbe Situation, aber mit anderen Voraussetzungen:

Stellen Sie sich vor, bevor Sie auf diese Party gehen, öffnen Sie Ihren Briefkasten. Darin liegt ein Brief der Staatsanwaltschaft. Ermittlungsverfahren wegen Steuerhinterziehung. Wie viel Lust haben Sie jetzt auf ein Plauderstündchen mit Ihrem Tischnachbarn? Plötzlich haben Sie Hunger!

Wenn uns nirgendwo der Schuh drückt, wenn wir kein Problem oder Verlangen nach etwas haben, tun wir nichts. Wir interessieren uns nur dann für etwas, wenn es uns emotional in Bewegung setzt. Wenn unser Zwischenhirn aktiviert ist.

Und Aussagen wie

- „Ich bin unabhängiger Finanzberater und erstelle Anlagekonzepte."
- „Ich bin Softwarespezialist und betreue mittelständische Unternehmen."
- „Ich bin Banker und berate Sie in Geldangelegenheiten und beim Vermögensaufbau."

setzen nun mal keine Emotionen in Bewegung. Oder durchströmen Sie jetzt irgendwelche Gefühle?

Natürlich können wir nicht bei jedem, der vor uns sitzt, Hunger erzeugen. Wir können ja niemanden anzeigen, nur damit er ein Problem mit dem Finanzamt bekommt und unser Mandant wird. Aber wir können dafür sorgen, dass wir so viele Menschen wie nur möglich für uns interessieren.

Stellen Sie sich vor, Ihr Geburtstagsnachbar hätte Folgendes geantwortet:

„Viele Unternehmer haben das Problem, dass sich die rechtlichen Rahmenbedingungen um sie herum plötzlich ändern. Sie bekommen das meistens noch nicht einmal mit. Das hat schon einige in die Pleite geführt. Ich zeige Unternehmen, wie sie vorbeugen können und worauf sie achten müssen, damit ihnen das nicht passiert. Interessiert Sie das?"

Können Sie sich vorstellen, dass Sie plötzlich interessiert sind – und das, obwohl Sie in der ersten Variante kein Interesse an einem Termin hatten?

Nutzen Sie die Zeit! Wir haben in einer Akquisesituation, ob persönlich oder am Telefon, nur wenig Zeit. Und die müssen wir nutzen, sonst schießen wir uns schon in der 2. Phase aus dem Rennen.

Wo kein Problem ist, ist auch kein Interesse
Ein anderes Beispiel:

Vor einigen Wochen wurde meine Festplatte zerstört. Genauer gesagt: Sie hat sich selbst zerstört. Ich saß abends zu Hause und wollte noch ein paar Zeilen für dieses Buch schreiben. Ich fahre mein Notebook hoch. Oder besser: Ich wollte es hochfahren. Falls Sie einen Mac haben, kennen Sie das vielleicht: Ein kleiner Kreis fängt an, sich zu drehen, und nach kurzer Zeit können Sie sich einloggen. Leider hörte dieser kleine Kreis bei mir gar nicht mehr auf, sich zu drehen.

Das Ende vom Lied: Meine Festplatte war hinüber. Meine Daten waren weg. Die letzte Datensicherung lag einen Monat zurück. Es war Samstag – und am Sonntagvormittag ging mein Flieger nach Mallorca. Bingo!

Ich lebte zu dieser Zeit in Lindau, das bedeutete: Apple-Store – Fehlanzeige! Es gab niemanden in meiner Nähe, der sich mit so etwas auskannte. Ich habe gegoogelt und telefoniert und nach vielen Bitten endlich jemanden gefunden, der mir eine neue Festplatte eingebaut hat, damit ich wieder arbeitsfähig war.

Warum erzähle ich Ihnen das? Ich habe immer wieder Menschen kennengelernt, die mir gesagt haben: „Ich bin Computerspezialist." Sie haben es aber nie geschafft, dass ich um ihre Visitenkarte gebeten habe oder mir ihren Namen gemerkt habe. Jetzt stellen Sie sich mal vor, nur einer von ihnen hätte den Profiling-Ansatz gewählt. Die Aussage: „Ich bin Computer-Spezialist!" hätte sich dann in etwa so angehört:

Vom Problem zur Lösung!

„*Viele meiner Kunden haben das schon mal erlebt: Sie sitzen vor ihrem Rechner, wollen arbeiten – und auf einmal geht gar nichts mehr. Das System stürzt ab. Alles ist tot. Können Sie sich vorstellen, dass das für die meisten Menschen eine totale Katastrophe ist? Und genau da helfe ich. Ich zeige meinen Kunden, was sie im Vorfeld tun können, damit solche Situationen erst gar nicht zu einer Katastrophe werden. Interessiert Sie das?*"

Beispiel

Können Sie sich vorstellen, dass ich bei diesem Köder angebissen hätte? Leider hat das keiner zu mir gesagt. In dem Fall auch leider für mich.

Schauen Sie sich Ihre Antworten aus der Übung 2.6 noch einmal an. Haben Sie einen Köder ausgeworfen oder haben Sie einfach nur gesagt, WAS Sie machen? Viele Verkäufer tun das Letztere. Im Verkaufsprofiling gehen wir anders vor: Wir werfen den Köder ins Becken, den wir in Phase A entwickelt haben. Wir platzieren ihn direkt ins Zwischenhirn. Wir packen den Köder in Bilder und erzeugen Emotionen.

Im Anwaltsbeispiel ist der Köder die Angst, rechtlich nicht auf dem Laufenden zu sein. Wir müssen darauf achten, dass wir den Trichter hier noch groß halten, damit sich möglichst viele Menschen für unser Produkt interessieren. Dann packen wir den Köder in Bilder. Das schaffen wir mit einer Geschichte. Wir beschreiben Situationen, die unser Kunde nachempfinden und nachfühlen kann. Wir sprechen die beiden Hauptemotionen an, setzen damit die beiden Grundpfeiler der psychologischen Landkarte und führen unseren Kunden gedanklich vom Schmerz zur Freude. Das Werkzeug, das uns dabei hilft, ist der Elevator Pitch.

4.3 Phase I: Interesse wecken

Verkaufen im Fahrstuhl!

Der Elevator Pitch

„Elevator" kommt aus dem Englischen und heißt übersetzt „Fahrstuhl". Stellen Sie sich vor, Sie sind in einem Bürogebäude und haben einen Termin im 13. Stock. Sie steigen im Erdgeschoss in den Fahrstuhl ein, mit Ihnen betritt ein weiterer Besucher den Lift. Die Fahrstuhltür schließt sich. Ihr Gegenüber fragt Sie: *„Und, was machen Sie beruflich?"* Sie haben jetzt bis zum 13. Stock Zeit, den anderen für sich zu interessieren und Hunger zu erzeugen. Ihnen bleiben also etwa 30 bis 40 Sekunden, um Ihren Köder auszuwerfen. Dabei hilft Ihnen der Elevator Pitch. Er besteht aus drei Schritten:

In drei Schritten zum überzeugenden Elevator Pitch

1. Schritt: Sie adressieren das Problem oder den möglichen Schmerz Ihres Kunden. Sie nutzen die „Weg-von-Motivation":
- „Die meisten Menschen / Unternehmen haben das Problem, dass …"
- „Ein Großteil meiner Kunden steht vor der Herausforderung, dass …"
- „Viele meiner Kunden fürchten sich davor, dass …"

2. Schritt: Sie bieten Ihre Dienstleistung oder Ihr Produkt als Lösung an. Sie nutzen die „Hin-zu-Motivation":
- „Meine Lösung ist … Das bedeutet für Sie, Ihnen passiert das nicht."
- „Ich zeige Unternehmen, wie … Das heißt für Sie …"

3. Schritt: Sie holen sich die Bestätigung mit einer geschlossen Frage:
- „Interessiert Sie das …?"
- „Interessiert Sie, wie …?"

Step 4: AIDAplus

Als mögliche Antwort auf die letzte Frage gibt es nur ein „Ja" oder ein „Nein". Bei einem „Ja" vereinbaren Sie einen Termin; bei einem „Nein" überdenken Sie Ihren Elevator Pitch. Verzichten Sie bei der Entwicklung Ihres Pitches auf Fachbegriffe. Stellen Sie sicher, dass Ihr potenzieller Kunde das Bild sieht, das Sie ihm vermitteln wollen. Erzählen Sie Geschichten.

Übung 4.4:

Erstellen Sie zwei Elevator Pitches für die Neukundenakquise. Überlegen Sie sich zuerst den jeweiligen Akquiseköder und entwickeln Sie dann für diesen Köder Ihren Elevator Pitch. Gehen Sie dazu – wie oben beschrieben – in drei Schritten vor:

Akquiseköder:

1. _____

2. _____

Elevator Pitch 1

1. Schritt

_____

_____

2. Schritt

_____

_____

3. Schritt

_____

_____

Elevator Pitch 2

1. Schritt

_____

_____

2. Schritt

_____

_____

3. Schritt

_____

_____

Je nach Vertriebsaktion können Sie auch Elevator Pitches für Cross- und Up-Selling-Aktionen entwickeln. Natürlich können Sie auch einen passgenauen Pitch für die Akquise einer bestimmten Branche oder Berufsgruppe entwerfen. Wie schon gesagt: Je enger Sie Ihren Trichter in dieser Phase fassen, desto zielgenauer können Ihr Köder und die Ansprache sein.

Übrigens: Weitere Beispiele für die Entwicklung von Akquiseködern mit den dazugehörigen Elevator Pitches finden Sie auf meiner Homepage unter verkaufsprofiling.katja-porsch.de.

Interesse entsteht auf dem Weg vom Problem zur Lösung.

Vom Ich zum Sie
- „Wir haben speziell für unsere Kunden …"
- „Daher möchte ich Ihnen gerne unser Produkt, mit dem Sie …, vorstellen."
- „Ich würde Ihnen gerne unser neues Konzept vorstellen, wie Sie …"
- „Ich bin mir sicher, Sie werden den Termin nicht bereuen, da …"

Die Ich-Falle

Kommen Ihnen solche Aussagen bekannt vor? Mir begegnen sie immer wieder – vor allem bei diversen Akquisebemühungen. Das ist ja schön und gut, was wir für neue Produkte, Konzepte oder tolle Informationen haben, aber *was hat unser Kunde davon?* Wir neigen dazu, aus der Ich-Perspektive heraus zu akquirieren und zu präsentieren.

Aber warum sollte unseren Kunden interessieren, was *wir* wollen? Warum sollte er sich mit uns zusammensetzen wollen? Er kennt *unser* Anliegen. Er weiß, was *wir* wollen, aber er weiß nicht, was ihm das Ganze bringt. Mit der lästigen Angewohnheit, uns und unser Produkt in den Mittelpunkt zu rücken, stellen wir uns selbst ein Bein. Wenn wir wollen, dass ein Kunde sich angesprochen fühlt, müssen wir ihn auch ansprechen. Wir müssen den Wechsel hinkriegen von der Ich-Perspektive zur Sie-Perspektive. Schauen wir uns diesen Wechsel anhand der oben beschriebenen Beispiele an:

Aus: „Wir haben speziell für unsere Kunden …"
wird:
„Sie als Kunde stehen bei uns im Mittelpunkt und daher …"

Aus: „Daher möchte ich Ihnen gerne unser Produkt, mit dem Sie … vorstellen."
wird:
„Wann möchten Sie erfahren, welche Vorteile unser neues Produkt für Sie bringt?"

4.3 Phase I: Interesse wecken

Aus: „Ich würde Ihnen gerne unser neues Konzept vorstellen, wie Sie ..."
wird:
„Mit unserem neuen Konzept werden Sie zukünftig ..."

Und aus: „Ich bin mir sicher, Sie werden den Termin nicht bereuen, da ..."
wird:
„Wenn Sie sich für unseren Termin entscheiden, werden Sie feststellen, dass das mit Sicherheit eine der besten Entscheidungen war, die Sie ..."

Killer-formulierungen

Die Ich-Perspektive wird oft noch durch klassische Killerformulierungen verschärft. Zwei typische Killerformulierungen habe ich schon genannt: „*Das dauert auch bestimmt nicht lange.*" Und: „*Sie werden den Termin nicht bereuen.*" Auch immer wieder gerne genommen:

- „*Da gehen Sie auch bestimmt kein Risiko ein!*"
- „*Sie verpflichten sich damit zu nichts!*"
- „*Da investieren Sie auch bestimmt nichts!*"

Was geht Ihnen durch den Kopf oder Bauch, wenn Sie diese Aussagen lesen? Baut sich in Ihnen so ein tiefes, wohliges Vertrauensgefühl auf? Oder werden Sie eher misstrauisch und gehen in Abwehrhaltung? Eher Letzteres, oder?

Unser Unterbewusstsein kennt kein „Nein". Es kennt keine Negationen. Was bleibt also übrig, wenn Sie aus den Killerformulierungen die Negationen rausnehmen? Hier das Ergebnis:

- „*Das dauert auch bestimmt lange!*"
- „*Sie werden den Termin bestimmt bereuen!*"
- „*Da gehen Sie bestimmt ein Risiko ein!*"
- „*Sie verpflichten sich damit.*"
- „*Da investieren Sie auch bestimmt!*"

Wundert es uns, wenn sich unsere Kunden entsprechend verhalten? Wenn sie automatisch die Abwehrhaltung einnehmen? Unsere Kunden haben doch gar keine andere Chance, als in die Kontra-Position zu gehen und den Rückzug anzutreten.

Welchen Status haben wir?
Ein weiterer Grund für die Abwehrhaltung ist der Status, den wir wegen unserer Aussagen und Formulierungen gegenüber dem Kunden einnehmen. Welche Statussituationen gibt es überhaupt zwischen dem Verkäufer und seinem Kunden? Ein Blick auf die folgende Tabelle liefert die Antworten:

Statussituationen

Status zwischen Verkäufer und Kunde

1. Kunde und Verkäufer sind auf Augenhöhe.
2. Kunde steht über dem Verkäufer.
3. Verkäufer steht über dem Kunden.
4. Der Status wechselt.

Was ist jetzt der ideale Verkäuferstatus? Versetzen Sie sich in die Situation eines Kunden. Wann kaufen Sie (gerne)? Vermutlich in Situation 1 oder 4. Wenn wir den Verkäufer nicht ernst nehmen, wie in Situation 2, dann hat er es schwer.

Mein erster Vertriebschef hat immer gesagt: *„Kunden kaufen von Siegern und nicht von Losern!"* Da ist was dran. Aber wenn wir uns über den Kunden stellen, wie in Situation 3, ist das auch nicht abschlussfördernd. Kunden unter Druck zu setzen, galt zwar eine Zeit lang als bewährtes Verkaufsinstrument, hat sich aber nicht nachhaltig durchgesetzt. Druck führt nun einmal zu Gegendruck – oder zur Stornierung!

Damit meine ich übrigens nicht, dass Druck im Verkauf gar nichts zu suchen hat. Es ist durchaus sinnvoll, ab und zu Druck aufzubauen – um ihn dann wieder rauszunehmen. Druck ist

Energie. Wird er zum passenden Zeitpunkt ins Spiel gebracht, ist Druck absolut wirkungsvoll. Allerdings nie gegen Ende des Verkaufsprozesses. Da geht es um Sog und nicht um Druck. Wenn es also kracht zwischen Ihnen und Ihrem Kunden, dann lassen Sie es immer am Anfang krachen.

Status 4: Der Profilerstatus

Der ideale Status! Situation 4 ist der Profilerstatus. Richtig eingesetzt, ist er der ideale Status zwischen Verkäufer und Kunde. Ein ständiges Wechselspiel, das viel Einfühlungsvermögen und innere Stärke beim Verkäufer voraussetzt. Wieso innere Stärke? Die braucht man, wenn man seinem Kunden einen höheren Status einräumt als sich selbst.

Achten Sie bei Ihren Verkaufsgesprächen und Telefonaten künftig bewusst darauf, in welcher der vier Statussituationen Sie sich gerade befinden. Mit Killerformulierungen nehmen Sie oft automatisch die Bittstellerposition ein und geraten in Status 2 – in die Loserrolle. Mit der Ich-Perspektive kommen Sie schnell in die Statussituation 2 und erheben sich über Ihren Kunden. Kein guter Plan, wenn Sie Ihren Kunden siegessicher zum Abschluss führen wollen, oder? Deshalb: Achten Sie darauf, dass Sie sich im Profilerstatus befinden und je nach Situation und Kundentyp auf Ihr Gegenüber eingehen.

Übung 4.5:

Was sind für Sie typische Formulierungen in der Ich-Perspektive, wenn Sie akquirieren oder präsentieren? Wenn Ihnen spontan keine einfallen, nehmen Sie Ihre nächsten Telefonate oder Verkaufsgespräche auf und werten Sie diese im Nachgang aus. Filtern Sie typische *„ich zeige Ihnen, wie-Sätze"* raus. Wie hören sich diese Aussagen in der *„Sie-Perspektive"* an? Finden Sie insgesamt fünf typische Formulierungen und wandeln Sie diese um:

Ich-Perspektive	Sie-Perspektive
_____	_____
_____	_____
_____	_____
_____	_____
_____	_____

Von der Ich- zur Sie-Perspektive: Wenn wir wollen, dass sich unser Kunde angesprochen fühlt, müssen wir ihn auch ansprechen.

Die Evaluierungsfrage – die Brücke zu Phase 3

Wir haben unseren Akquiseköder ausgeworfen und mit dem Elevator Pitch Interesse geweckt. Jetzt bauen wir das Gerüst der psychologischen Landkarte. Dazu nutzen wir eine Brücke, die uns von der Phase 2 (Interesse) zu Phase 3 (Verlangen) bringt. Diese Brücke ist die Evaluierungsfrage.

Vom Interesse zum Verlangen

Beim Elevator Pitch haben wir unserem Kunden mögliche Schmerz- und Freudeoptionen vorgegeben, um ihn emotional in Richtung unserer Produktlösung zu steuern. Mit der Evaluierungsfrage lassen wir uns bestätigen, was unseren Kunden innerhalb dieser beiden Hauptemotionen am meisten bewegt. Wir suchen nach den Grundpfeilern der psychologischen Landkarte.

Nehmen wir zur Verdeutlichung noch einmal den Elevator Pitch meines Rechtsanwalts für Wirtschaftsrecht auf der Geburtstagsparty und entwickeln für diesen Pitch anschließend die Evaluierungsfrage.

„Viele Unternehmer haben das Problem, dass sich die rechtlichen Rahmenbedingungen um sie herum plötzlich ändern. Sie bekommen das meistens noch nicht einmal mit. Das hat schon einige in die Pleite geführt. Ich zeige Unternehmen, wie sie vorbeugen können und worauf sie achten müssen, damit ihnen das nicht passiert. Interessiert Sie das?"

Bejaht Ihr Kunde, folgt die Einleitung zur Evaluierungsfrage:

 Profiler: „Bevor wir uns zusammensetzen, habe ich noch zwei Fragen. Ich möchte sicherstellen, dass der Termin für Sie auch wirklich Sinn macht. Und ich möchte mich gerne auf das Gespräch vorbereiten. Ist das okay?"

Meinen Sie, der Kunde, der kurz zuvor Interesse signalisiert hat, sagt jetzt: „Nein!"? Bestimmt nicht! Was passiert, wenn Sie so handeln? Ihr Kunde fühlt sich geschätzt. Denn Sie wollen sich auf den Termin mit ihm vorbereiten und Sie wollen seine Zeit nicht verplempern.

2 Fragen Vielleicht ahnen Sie es bereits? Die Evaluierungsfrage hat noch einen anderen Zweck: Sie ist die Vorstufe zur Entwicklung der MÄRZ-Formel und Ihres Emotionsköders. Sie gibt Ihnen Auskunft über die beiden Hauptemotionen Ihres Kunden. Um diese herauszubekommen, stellen Sie jetzt die beiden entscheidenden Fragen nach dem Schmerz und der Freude Ihres Kunden. Beginnen Sie mit dem Schmerz:

 Profiler: „Was ist momentan die größte Herausforderung für Ihr Unternehmen in Bezug auf die rechtlichen Rahmenbedingungen? Oder: „Was bereitet Ihnen momentan am meisten Kopfzerbrechen, wenn Sie an die rechtlichen Rahmenbedingungen denken, die Sie umgeben?"

Lassen Sie Ihren Kunden antworten. Dann holen Sie sich die zweite Information. Sie erfragen die Freude:

 Profiler: „Was wäre Ihre Wunschvorstellung, wenn Sie sich die Rahmenbedingen selbst aussuchen könnten? Alternativ: „Wie sähe Ihr Idealzustand aus, wenn ..."

Jetzt kennen Sie die konkreten Hauptemotionen Ihres Kunden. Sie kennen die beiden Grundpfeiler seiner psychologischen Landkarte – seinen Schmerz und seine Freude. Im nächsten Schritt entwickeln Sie mit der MÄRZ-Formel das Gerüst.

4.4 Phase D: Verlangen – Ich will kaufen!

Die Phasen A und I haben Sie erfolgreich gemeistert. In Phase D kommt der Profiler-Verkaufsleitfaden aus Kapitel 3.1 zum Einsatz.

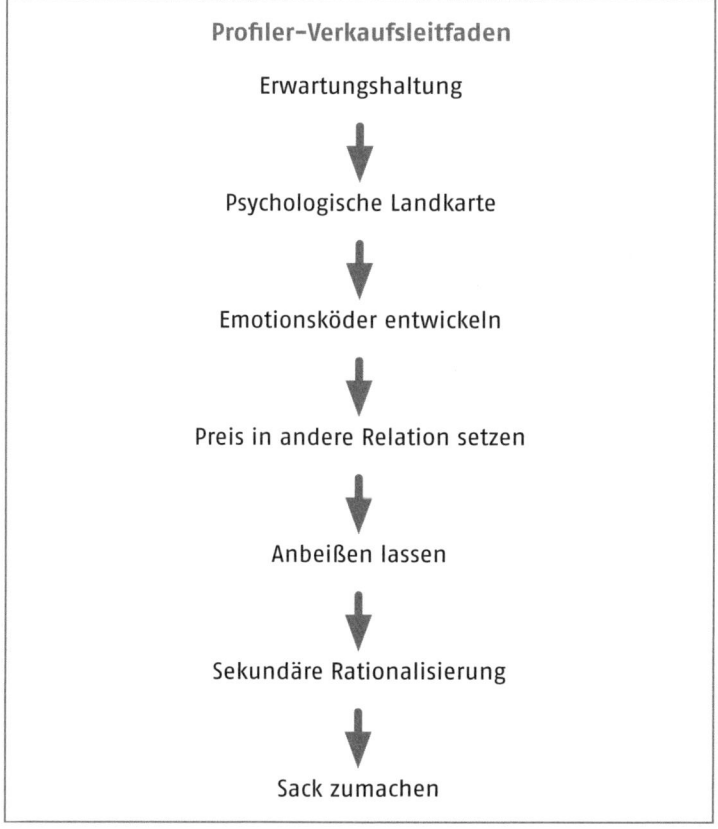

Stellen Sie sich vor, Sie haben Ihren Kunden akquiriert. Sie wissen in etwa, was ihn bewegt. Dank der Evaluierungsfrage kennen Sie auch seinen Hauptschmerz und seine Hauptfreude. Nun, ein paar Tage nach Ihrer erfolgreichen Akquiseaktion, sitzt Ihr Kunde gespannt vor Ihnen. Der Elevator Pitch hat sein Interesse und eine gewisse Erwartungshaltung geweckt. Sie sind Sie jetzt in Phase D und die Frage ist: Wie kommen Sie von der Erwartungshaltung zum Abschluss?

Das Entree

Zum Abschluss kommen!

In der Regel startet ein Verkaufsgespräch mit einem Warm-up. Schauen wir uns zuerst ein typisches Warm-up im klassischen Ansatz an.

Klassischer Ansatz

Verkäufer: *„Schön, dass Sie sich die Zeit genommen haben. Haben Sie gut zu uns gefunden? Bei dem Wetter heute ist das mit Sicherheit kein Vergnügen. Wie war denn Ihr Tag? Bla, bla, bla ..."*

Oder alternativ, falls Sie im B-to-C-Bereich unterwegs sind und beim Kunden auf der Couch sitzen:

Verkäufer: *„Guten Tag, Herr Musterkunde! Schön, dass es geklappt hat. Wo darf ich Platz nehmen? Erst einmal vielen Dank, dass Sie sich heute die Zeit genommen haben. Wie war Ihr Tag? Ach, ich sehe gerade die Bilder an der Wand. Sie sind wohl ein begeisterter Mountainbiker? Bla, bla, bla ..."*

Viele Verkaufsgespräche, die ich in meinem Leben gehört habe, laufen so oder so ähnlich ab. Wenn der Verkäufer den Kunden nicht selbst akquiriert hat, kommt als Allererstes die klassische Vorstellung: Der Verkäufer stellt sich vor, nennt seine Position, überreicht seine Visitenkarte. Dann geht es, wie oben beschrieben, mit dem Warm-up weiter. Man redet über das Wetter, die Anfahrt, den Tag, den Job ... Anschließend sind die Bedarfsanalyse und die Produktpräsentation dran.

Allein schon die Tatsache, dass ein Großteil der Verkäufer so agiert, bedeutet für mich: *„Ich will das auf gar keinen Fall!"* Warum? Ganz einfach: Ich weiß doch nicht, was meine Vorgänger geleistet haben. Ob sie einen guten Job gemacht haben oder nicht. Ich weiß nicht, ob sie es geschafft haben, sich beim Kunden positiv zu besetzen oder nicht. Auf jeden Fall tummeln sie sich beim Kunden alle gemeinsam in einer Schublade. In der „Verkäufer-Schublade". Und da will ich nicht rein. Ich möchte meine eigene, neue und emotional möglichst unbesetzte Schublade. Also muss ich anders sein – und zwar schon von Anfang an. Sie erinnern sich? Die vier As: Anders Als Alle Anderen!

Die „Verkäufer-Schublade"

Visitenkarten schaffen keine Nähe
Zurück zu den Warm-up-Beispielen: Wir bedanken uns, dass der Kunde sich die Zeit genommen hat. Aber haben wir das nicht auch? Was bezwecken wir mit solchen Aussagen? Bringen wir uns damit auf Augenhöhe? In den Profilerstatus? Oder nehmen wir damit nicht viel eher den Tiefstatus, den Loserstatus ein?

Vielleicht denken Sie jetzt: *„Moment mal! Das ist doch höflich, und der Kunde ist schließlich König. Und nur weil ich das sage, bin ich doch nicht automatisch im Tiefstatus!"* Das mag alles stimmen. Aber die Wahrscheinlichkeit, dass uns ein Kunde mit diesem Entree in eine Schublade steckt, in die wir gar nicht wollen, und wir uns damit in den Tiefstatus versetzen, ist vor allem zu Beginn eines Verkaufsgesprächs hoch. Deshalb streichen Sie als Profiler bitte solche Standard-Entrees ab sofort aus Ihrem Warm-up.

Zum nächsten Punkt: Wir stellen uns und unsere Position vor. Was bezwecken wir damit? In der Regel weiß der Kunde, wie wir heißen. Bringen uns das Überreichen unserer Visitenkarte und das Benennen unserer Position im Unternehmen verkäuferisch nach vorne? Ich glaube nicht.

Der richtige Einstieg!

Am Anfang eines Verkaufsgesprächs geht es um zwei Dinge:

1. Möglichst schnell eine emotionale Bindung zum Kunden aufzubauen,
2. Die Positionen und den Status zwischen dem Kunden und dem Verkäufer zu klären.

Beides erreichen wir nicht durch das Benennen unserer Funktion oder unserer Position im Unternehmen. Wir erreichen es auch nicht, wenn wir zur Verstärkung parallel unsere Visitenkarte überreichen. Ganz im Gegenteil: Damit schaffen wir Distanz und keine Nähe. Oder wecken die Aussage: „*Ich bin Gebietsverkaufsleiter!*" und die Vorstellung, das Ganze dann noch einmal auf einer Visitenkarte zu lesen, Emotionen bei Ihnen?

Klartext am Anfang

Wie begrüßen Sie einen Menschen, auf den Sie sich gefreut haben? Den Sie vielleicht schon kennen? Oder den Sie kennenlernen möchten? Unser Kunde ist genau das: ein Mensch, auf den wir uns freuen und den wir kennenlernen möchten. Dann behandeln wir ihn doch auch so! Wie das geht? Schauen wir uns einfach ein Warm-up im Profiling-Ansatz an.

Profiling-Ansatz

Profiler: „*Max Müller, guten Tag Herr Musterkunde. Ich freue mich, dass Sie da sind.*"

Was fragt sich Ihr Kunde jetzt?

- „*Was passiert heute?*"
- „*Was erwartet mich?*"
- „*Was soll mir jetzt verkauft werden?*"
- „*Kann ich ihr / ihm vertrauen?*"

Irgendwas in dieser Richtung, oder? Wie viel Lust hat er dann auf einen Small Talk über das Wetter oder über andere spannende Dinge? Stecken wir doch lieber am Anfang die Fronten ab und machen klar, worum es geht. Bringen wir uns auf Augenhöhe mit unserem Kunden – zum Beispiel so:

Die Fronten klären!

Profiler: *„Herr Mustermann, wenn Sie möchten, können wir gleich loslegen und zum Thema kommen. Es sei denn, Sie möchten mich erst noch ein bisschen besser kennenlernen. Dann erzähle ich natürlich gerne etwas über mich."*

Oder Sie fragen Ihren Kunden direkt, wie er gerne vorgehen möchte:

Profiler: *„Herr Mustermann, wie wollen wir vorgehen? Wollen wir uns erst einmal in Ruhe kennenlernen oder sollen wir gleich zur Sache kommen?"*

Mit diesem Entree geben Sie Ihrem Kunden die Möglichkeit, selbst zu entscheiden, wie er es gerne hätte. Gleichzeitig haben Sie aber die Richtung vorgegeben. Sie sind beide auf Augenhöhe.

Egal, welche Variante Ihr Kunde wählt, antworten Sie immer:

Profiler: *„Ich gehe mal davon aus, dass Sie einen wichtigen Grund haben, warum Sie heute hier sind. Es wäre klasse, wenn Sie mir kurz sagen, was Sie sich von unserem Termin erwarten. Anschließend werde ich Ihnen dann gerne ein bisschen mehr über mich erzählen und Ihnen sagen, was ich mir so erwarte. Passt das für Sie? Na, dann lassen Sie uns mal loslegen. Also, was erwarten Sie sich?"*

Sie haben damit ein Entree, das mit großer Wahrscheinlichkeit neu für Ihren Kunden ist. Damit klären Sie drei Dinge:

1. Der Termin ist wichtig.
2. Sie haben *beide* eine Erwartungshaltung.
3. Sie sind beide auf Augenhöhe.

Standard – nein danke!

Ich habe es am Anfang dieses Buchs schon erwähnt: Ich bin kein Freund von auswendig gelernten Formulierungen. Jede Situation ist anders – und jeder Mensch auch. Ich gebe Ihnen Formulierungsbeispiele an die Hand, bei denen es mir nicht darum geht, dass Sie alles auswendig lernen. Ich möchte, dass Sie den psychologischen Hintergrund verstehen und Ihre eigenen Formulierungen erstellen. Formulierungen, die zu Ihnen und Ihrem Stil passen. Profiler entwickeln ihre Verkaufspräsentation immer wieder neu, greifen aber – je nach Situation und Kunde – auf dieselben Mechanismen und Prinzipien zurück. Genau diese Mechanismen sind es, die ich Ihnen an die Hand geben möchte.

Das Entree: Wir müssen raus aus der Standard-Schublade „Verkäufer". Deshalb: Verbannen Sie oberflächlichen Small Talk aus Ihrem Warm-up.

Erwartungshaltung

Zurück zur Erwartungshaltung. Sagen Sie Ihrem Kunden klar, worum es bei Ihrem Termin geht und was Sie am Ende des Gesprächs erwarten. Je nach Produkt und Verkaufsphilosophie kann das ein Kauf, ein Folgetermin, eine Reservierung, der Auftrag zur Ausarbeitung eines Angebots ... sein.

Hier fällt mir eine meiner Lieblingsfragen von Kunden ein. Haben Sie mit Sicherheit auch schon gehört: *„Sie wollen mir doch eh nur was verkaufen?"* Kennen Sie die typische Verkäuferantwort auf diese Frage? Die lautet: „Nein, *wissen Sie, das ist doch ... und überhaupt ... wenn Sie nicht kaufen wollen ...bla, bla, bla ..."* Kurzum: Es wird rumgeeiert. Aber: Sie wollen Ihrem Kunden doch etwas verkaufen. Dann stehen Sie auch dazu. Beweisen Sie Rückgrat. Die Antwort eines Profilers auf diese Frage ist: *„Ja, das will ich!"* Punkt.

Aber wieder zu unserem Beispiel. Ist Ihr Kunde mit der Vorgehensweise einverstanden? Hat er Ihnen kurz gesagt, was er erwartet? Dann könnte Ihr Gespräch so weitergehen:

Profiler: „Also, kurz ein paar Sätze zu mir: Ich bin seit XXX Jahren in diesem Unternehmen, weil ..."

Beispiel

Warum sind Sie Verkäufer?

Jetzt können und sollen Sie etwas über sich erzählen. Aber etwas, das relevant für Ihren Kunden ist und ihm dabei hilft, eine emotionale Beziehung zu Ihnen aufzubauen. Mittlerweile wissen Sie: Das schaffen Sie nicht mit dem WAS und dem WIE, sondern mit dem WARUM. Es ist nicht wichtig für Ihren Kunden, was auf Ihrer Visitenkarte steht und welche Funktion Sie im Unternehmen haben. Relevant ist das WARUM dahinter. Warum sind Sie bei diesem Unternehmen? Warum sind Sie überzeugt von dem, was Sie tun? Warum sind Sie Verkäufer? Geben Sie Ihrem Kunden etwas, womit er sich identifizieren kann. Menschen folgen anderen Menschen, wenn sie von etwas überzeugt sind, wenn sie an etwas glauben.

Wovon sind Sie überzeugt? Woran glauben Sie? Entscheiden Sie – je nach Ihrer Persönlichkeit und dem jeweiligen Kunden –, wie weit Sie gehen und wie viel Sie von sich preisgeben.

Übung 4.6:

Beantworten Sie bitte folgende Fragen:

1) Wovon sind Sie überzeugt?
a) Bezogen auf Ihr Produkt:

_____

b) Bezogen auf Ihr Unternehmen:

_____

4.4 Phase D: Verlangen – Ich will kaufen!

2) WARUM verkaufen Sie Ihr Produkt?

_____

3) WARUM sind Sie bei Ihrem Unternehmen?

_____

Falls Ihnen die Antworten auf diese Fragen schwerfallen, dann ist es durchaus sinnvoll, sich näher damit zu befassen. Das Schlimmste, was dabei herauskommen kann? Sie stellen fest: *„Ich bin beim für mich falschen Unternehmen."* Oder: *„Ich verkaufe das für mich falsche Produkt."* Das ist zwar nicht schön, aber dann wissen Sie es wenigstens. Wenn Sie nicht zu 100% von dem überzeugt sind, was Sie tun, wie soll es dann Ihr Kunde sein?

Erwartungen klären!

Der Fahrplan für den Kunden
Nach Ihrer Kurzvorstellung geht es weiter. Jetzt erklären Sie Ihrem Kunden, worum es bei dem Termin geht.

Ein Beispiel:

Profiler: *„Bei unserem Termin heute geht es vor allem darum, dass wir erst einmal feststellen: Passen wir überhaupt zusammen? Wenn nicht, ergibt alles Weitere sowieso keinen Sinn.*
Im nächsten Schritt schauen wir uns dann an, was wir tun können, um Ihr Problem zu lösen / damit Sie Ihre Ziele erreichen.
Dafür brauche ich allerdings Ihre Unterstützung. Ich muss erst einmal wissen, wo genau drückt denn bei Ihnen der Schuh / wie sieht Ihre Idealvorstellung aus?
Ich werde Ihnen alle relevanten Informationen geben, die Sie brauchen, damit Sie am Ende unseres Gesprächs für sich die Entscheidung fällen können, ob wir zusammenkommen oder nicht. Okay?"

Ihr Kunde weiß jetzt, was ihn erwartet. Er kennt den Fahrplan:

1. Sie haben Ihren Kunden weg vom Produkt und hin zur psychologischen Landkarte geführt.
2. Sie haben Ihren Kunden darauf vorbereitet, dass Fragen kommen. Aber er versteht den Sinn dahinter und weiß, dass die Fragen zu seinem Wohl sind.
3. Sie haben Ihrem Kunden suggeriert, dass Sie ihn nicht um jeden Preis gewinnen wollen, sondern nur, wenn es passt.
4. Sie haben Ihrem Kunden klar gesagt, dass Sie am Ende des Gesprächs eine Entscheidung von ihm möchten.

Sagen Sie Ihrem Kunden, was Sie erwarten. Geben Sie ihm einen Fahrplan an die Hand.

Psychologische Landkarte

Der nächste Schritt im Profiler-Verkaufsleitfaden: Sie schlagen die Brücke von der Erwartungshaltung zur psychologischen Landkarte Ihres Kunden. Dank der Evaluierungsfrage, die Sie in der Verkaufsphase I gestellt haben, wissen Sie bereits, was die größte Herausforderung und der größte Wunsch Ihres Kunden sind. Damit haben Sie die Grundpfeiler. Was Sie auch wissen: „Ist mein Kunde eher „weg-von-motiviert" oder eher „hin-zu-motiviert?" Jetzt bauen Sie sich mithilfe der MÄRZ-Formel das Gerüst für die psychologische Landkarte:

Profiler fragen nach!

Profiler: *„Bei unserem letzten Telefonat haben Sie mir gesagt, dass Ihre größte Herausforderung momentan XYZ ist. Was genau bereitet Ihnen denn da Kopfzerbrechen?"*

Sie wollen das Bild, die Emotion erfahren, die hinter der Aussage Ihres Kunden steckt. Was genau bedeutet die Herausforderung XYZ für ihn? Sie machen sich auf die Suche nach dem WARUM. Ist Ihr Kunde eher „weg-von-motiviert", suchen Sie nach seinen Ängsten und Risiken. Ist er eher „hin-zu-motiviert", suchen Sie nach seinen Zielen und Motiven. Fragen Sie zum Beispiel:

Profiler: *"Wenn Sie sich Ihr schlimmstes Horrorszenario in Bezug auf diese Situation vorstellen, wie sieht das aus?"*

Lassen Sie Ihren Kunden antworten und fragen Sie dann weiter:

Profiler: *"Und WARUM wäre das so schlimm für Sie?"*

Sie fragen so lange weiter, bis Sie ein klares Bild zur Situation Ihres Kunden haben. Bis Sie sein WARUM, seinen stärksten Treiber gefunden haben. Dann machen Sie sich auf die Suche nach seiner „Hin-zu Motivation". Was sind die Motive und Ziele Ihres Kunden?

Profiler: *"Mal angenommen, Sie hätten das Problem gelöst, wie würde Ihre Idealvorstellung dann aussehen?"*

Lassen Sie Ihren Kunden antworten und finden Sie dann wieder die Emotion beziehungsweise das Bild hinter dem Gesagten raus:

Profiler: *"Warum ist das so wichtig für Sie?"* Oder: *"Was genau meinen Sie mit …?"*

Sie kennen jetzt die vier Haupttreiber (MÄRZ) Ihres Kunden und sein WARUM.

Emotionsköder

Der Problemlöser!

Im nächsten Schritt des Profiler-Verkaufsleitfadens entwickeln Sie den passenden Emotionsköder für Ihren Kunden. Es geht darum, Ihren Kunden davon zu überzeugen, dass Sie mit Ihrem Produkt genau sein Problem lösen können. Sie führen ihn vom Schmerz zur Freude. Ihr Produkt wird zum Vehikel zum WARUM Ihres Kunden.

Sie erklären Ihrem Kunden, was Ihr Produkt für ihn tut. Und: Sie erklären es in Bildern. Nutzen Sie dafür das Bild, das Ihnen Ihr Kunde bei der Beschreibung seines Horrorszenarios aufgezeigt hat. Führen Sie den Kunden weg von diesem Bild und hin zum Bild seiner Ideal- oder Wunschvorstellung. Packen Sie Ihre Präsentation in eine Geschichte. Spannen Sie in Ihrer Geschichte den Bogen weg vom Problem – hin zur Lösung. Denken Sie daran: Der Held der Geschichte ist Ihr Produkt!

Übung 4.7:

Wählen Sie einen Kunden aus, den Sie in der letzten Zeit beraten und noch gut in Erinnerung haben. Simulieren Sie nachträglich noch einmal Ihr Verkaufsgespräch. Wenden Sie diesmal den Profiler-Verkaufsleitfaden an:

1. Schritt: Was ist Ihr Akquiseköder?

_____

_____

2. Schritt: Wie sieht Ihr Elevator Pitch für diesen Kunden aus?

_____

_____

Formulieren Sie Ihre Evaluierungsfrage. Was wären die beiden Antworten Ihres Kunden gewesen?

Hauptschmerz: _____

Hauptfreude: _____

Was sind die vier Haupttreiber Ihres Kunden und was ist sein stärkster Treiber, sein WARUM?

M: _____

Ä: _____

R: _____

Z: _____

WARUM: _____

Entwickeln Sie den Emotionsköder. Was tut Ihr Produkt, um Ihren Kunden vom Schmerz zur Freude zu führen? Bauen Sie die Brücke vom WIE, dem allgemeinen Nutzen, zum WARUM, dem persönlichen Nutzen für Ihren Kunden.

Allgemeiner Nutzen: _____

Formulieren Sie Ihren Präsentationsansatz. Achten Sie dabei auf Bilder und Emotionen:

_____

_____

_____

Den Preis in eine andere Relation setzen
Es geht zum nächsten Schritt im Leitfaden: Wir setzen den Preis in die richtige Relation. Im klassischen Ansatz sähe eine Preisargumentation wie folgt aus:

Klassischer Ansatz

Verkäufer: „Das CRM-System kostet 50.000 Euro. Dafür haben Sie allerdings bla, bla, bla ..."

Verkäufer: „Die Gesamtinvestition beläuft sich auf 30.000 Euro. Das mag im ersten Augenblick happig erscheinen. Allerdings müssen Sie bedenken, dass bla, bla, bla ..."

Vorsicht: Preisargumentation!

Beispiel

Beim klassischen Verkaufsansatz benennen wir den Preis unseres Produkts und starten mit unserer Preisargumentation. Wir stellen die Nutzenmerkmale dem Preis gegenüber. Dadurch wollen wir dem Kunden das sichere Gefühl geben, dass sich seine Investition lohnt. Wir verkaufen den Preis im WAS und argumentieren mit dem WIE.

Mittlerweile wissen Sie: Damit sind Sie im Großhirn. Sie sprechen die Ratio Ihres Kunden an – und er reagiert entsprechend: Er wägt ab, ob der Preis in Relation zu Ihren Nutzenversprechen wirklich ein guter Deal ist. Er denkt darüber nach, ob er das Produkt an anderer Stelle, zum Beispiel im Internet oder bei Ihren Mitbewerbern, günstiger bekommt. Er überlegt, ob er bereit ist, für *dieses* Produkt *diesen* Preis zu zahlen.

Das alles bringt uns dem Abschluss nicht näher. Ganz im Gegenteil! Das heißt: Wir müssen auch beim Preis erst ins Zwischenhirn und dann ins Großhirn. Das schaffen Sie in zwei Schritten:

Profiling-Ansatz
1. Brechen Sie den Preis auf eine andere Zeitebene runter – beispielsweise Preis pro Tag, Woche oder Jahr.
2. Setzen Sie den Preis nicht in Relation zum Produkt, sondern in Relation zum WARUM.

So stellt sich Ihr Kunde nicht mehr die Frage: „Ist mir das Produkt den Preis wert?" Er stellt sich die Frage: „Bin ich mir / ist mir mein WARUM das Geld wert?" Er setzt den Preis in Relation zu seinem WARUM.

4.4 Phase D: Verlangen – Ich will kaufen!

Können Sie sich vorstellen, dass die Antwort eines Kunden im Profiling-Ansatz anders ausfällt als im klassischen Ansatz, obwohl das Produkt und der Preis identisch sind?

Der direkte Vergleich!

Noch einmal beide Ansätze im Vergleich:

Klassischer Ansatz

Verkäufer: „*Die Gesamtinvestition in diese Rentenversicherung beträgt 45.000 Euro. Dafür haben Sie aber auch die besten Fonds im Portfolio, eine Renditeerwartung von X %. Sie können kostenlos wechseln und bla, bla, bla …*"

Profiling-Ansatz

Profiler: „*Stellen Sie sich vor, Sie könnten heute schon ruhig schlafen, weil Sie wissen, dass Sie nicht eines Tages in eine lausige 3er-WG im städtischen Altenheim abgeschoben werden. Wäre Ihnen das 5 Euro am Tag wert?*"

Auf den Punkt gebracht:

- Mit dem Profiling-Ansatz stellen wir eine emotionale Verknüpfung zum Preis her.
- Wir nutzen die Tatsache, dass Menschen bereit sind, mehr Geld für sich und ihren persönlichen Nutzen auszugeben als für ein Produkt.
- Wir schalten kurzfristig das Großhirn des Kunden aus und machen uns somit auch nicht mehr vergleichbar.

Schauen Sie sich das Beispiel im Profiling-Ansatz noch einmal an. Ist es eine logische Gedankenfolge, wenn Ihr Kunde sich jetzt sagt: „Okay, da muss ich noch mal im Netz googeln, ob ich irgendwo weniger als 5 Euro am Tag zahle?" Irgendwie nicht!

Schauen Sie sich jetzt die klassische Alternative noch einmal an. Wie sieht es hier aus? Hier liegen doch automatisch Fragen und Zweifel auf der Hand, oder? Der Kunde wird geradezu aufgefordert, sich zu überlegen:

- „Was, wenn die Rendite nicht erzielt wird?"
- „Will ich wirklich 45.000 Euro investieren?"
- „Woher weiß ich, dass es sich um die besten Fonds handelt?"
- ...

Unser Handeln folgt dem Fokus. Geben wir einem Kunden die Ratio vor, antwortet er mit der Ratio. Geben wir ihm Emotionen vor, antwortet er mit Emotionen.

Übung 4.8:

Ergänzen Sie die Übung 4.7 um einen sechsten Schritt. Setzen Sie nach dem Profiling-Ansatz den Preis Ihres Produkts in die richtige Relation:

- Im ersten Schritt brechen Sie den Preis runter auf eine sinnvolle, andere Zeitebene.
- Im zweiten Schritt setzen Sie den Preis in Relation zum WARUM, das Sie in Übung 4.7 identifiziert haben. Ist der Kunde bereit, für sein WARUM den Preis zu bezahlen?

Formulieren Sie Ihre Frage äquivalent zu meinem Beispiel aus:

a) Andere sinnvolle Zeitebene meines Preises, z. B. Preis pro Tag, Monat etc.:

_____

Emotionalisieren Sie Ihren Preis und setzen Sie ihn in Relation zum WARUM:

_____

_____

Anbeißen lassen

Der schönste Schritt! Der nächste Schritt im Profiler-Verkaufsleitfaden ist der schönste: Lassen Sie Ihren Kunden anbeißen. Hat er den Preis geschluckt, dann hat er angebissen.

Verkaufen Sie nicht den Preis Ihres Produkts, sondern die Emotion. Setzen den Preis ins Verhältnis zum WARUM.

Sekundäre Rationalisierung

Wenn Sie mit Ihrem Kunden bei diesem Schritt sind, hat er schon gekauft. Allerdings ist er sich dessen vielleicht noch nicht bewusst. Denn: Ihm fehlen noch das WAS und das WIE.

Es wird Zeit fürs Großhirn. Das braucht Futter. Und Futter fürs Großhirn sind Zahlen, Daten und Fakten. Geben Sie Ihrem Kunden die Möglichkeit, sich rational zu bestätigen, was er emotional (unbewusst) schon längst entschieden hat. Jetzt können Sie mit Ihrem ganzen Produkt- und Fachwissen kommen. Sie müssen Ihrem Kunden rational nachvollziehbar und schlüssig beweisen, dass Ihr Produkt genau die Lösung für sein WARUM ist.

Futter fürs Großhirn! Sie müssen Ihrem Kunden also beweisen, wie er mithilfe der Rentenversicherung die Gewissheit hat, nicht in der lausigen 3er-WG des städtischen Altersheims aufzuwachen. Zeigen Sie, was Ihr Produkt kann und leistet. Gelingt Ihnen der Beweis nicht, sind Sie aus dem Rennen.

„q. e. d." Kennen Sie das noch aus dem Mathematikunterricht in der Schule?

Quod erat demonstrandum = was zu beweisen war!

Das heißt: Nur das Ergebnis bringt uns nicht weiter. Wir müssen auch beweisen, dass es so ist. Das erwartet auch Ihr Kunde. Sie müssen ihm beweisen, dass das, was Sie sagen, auch so ist.

Je genauer Sie Ihr Produkt kennen und je mehr Sie wissen, desto besser und einfacher ist es für Sie. Kunden merken, wenn Verkäufer „schwimmen" und sich ihrer Sache nicht sicher sind. Es reicht also nicht aus, Profiler auf der psychologischen Landkarte Ihres Kunden zu sein. Sie müssen auch Profi auf Ihrer Produktlandkarte sein.

Nur, wenn Sie es schaffen, Ihre Produktlandkarte wie eine Schablone auf die psychologische Landkarte Ihres Kunden zu legen, können Sie den Sack zumachen. Und damit sind Sie in der letzten der vier Verkaufsphasen, der Phase Aplus. Sie sind in der Abschlussphase.

Ihre Produktlandkarte muss die Schablone der psychologischen Landkarte Ihres Kunden sein.

4.5 Phase Aplus: Den Sack zumachen

Eigentlich ist jetzt alles gelaufen. Es fehlt nur noch eins – die finale Unterschrift. Die einzige Herausforderung in dieser letzten Phase ist, nicht das kaputtzumachen, was Sie sich bis jetzt mühsam aufgebaut haben.

Ich gebe Ihnen ein Beispiel:

Der „Laberflash"

Vor einiger Zeit war ich mit meinem Freund in einem Möbelgeschäft in Ulm. Unser Ziel: Ein neues Schlafsofa fürs Gästezimmer. Wir fragten uns durch und waren kurze Zeit später in der richtigen Abteilung. Um uns herum waren lauter Schlafsofas in verschiedenen Farben, Ausstattungen und Designs. Von einem Verkäufer war weit und breit nichts zu sehen. Also machten wir uns selbst auf die Suche.

Da wir ziemlich genau wussten, was wir wollten und was nicht, hatten wir das Angebot schnell gesichtet. In der engeren Wahl waren dann noch zwei Sofas. Um unsere finale Kaufentscheidung treffen zu können, brauchten wir einen Verkäufer.

Wir machten uns auf die Suche. Ein paar Minuten später lief uns auch tatsächlich ein Verkäufer über den Weg. Wir schilderten ihm unsere Situation und sagten ihm, dass wir ein Schlafsofa kaufen wollten und bereits zwei in der engeren Auswahl hätten. Das interessierte ihn allerdings nicht besonders. Er schlug vor, sich mit uns die zum Verkauf stehenden Schlafsofas anzuschauen – alle! Schnurstracks steuerte er auf das erste Schlafsofa zu. Dort angekommen, wollte er zur Präsentation ansetzen. Ich stoppte ihn sofort, indem ich sagte: „Grau kommt für uns nicht infrage!" Zudem wies ich den Verkäufer noch einmal darauf hin, dass wir schon zwei Sofas in der engeren Wahl hätten, aber noch nicht genau wüssten, welches der beiden wir letztendlich mitnehmen wollten. Und was machte er? Er fing wieder an, uns vom kompletten, umfangreichen Sortiment zu erzählen.

Langsam dämmerte mir: Wir hatten ihn mit unserer direkten Anfrage anscheinend aus seinem typischen Verkaufsprozess gerissen. Etwas genervt ging ich nun gezielt zu den beiden Sofas und stellte meine Fragen. Ich hatte schnell meine Antworten, stimmte mich kurz mit meinem Freund ab, dann war die Entscheidung gefallen. Wir wollten das sehr voluminöse, hellbraune Sofa. Wir teilten das unserem etwas überforderten Verkäufer mit, der zwar nicht verkauft hatte, aber jetzt nur noch den Sack zumachen musste. Und was tat er: Er vergeigte es (fast).

Anstatt mit uns über den Vertrag zu reden, kam er jetzt mit seiner Nutzenargumentation um die Ecke. Er fing an, uns lang und breit zu berichten, welche Vorteile dieses Sofa im Vergleich zu den anderen aufzuweisen hatte. Vermutlich war ihm aufgefallen, dass auch dieser Teil in seiner Präsentation gefehlt hatte – und den wollte er schnell noch nachholen. Er redete, und wir wollten kaufen. Mir platzte fast der Kragen. Ich wollte doch nur das Sofa kaufen! Und er ließ mich einfach nicht.

Mein Freund ist da etwas geduldiger als ich. Hätte er mich nicht zurückgehalten, wäre ich wutschnaubend aus diesem Laden gerannt. So aber siegte die Vernunft. Wir hatten beide keine Zeit, in einen anderen Laden *zu gehen. Zudem brauchten wir das Sofa wirklich dringend. Das Ende vom Lied: Wir haben das Sofa gekauft – und das erste und das letzte Mal diesen Laden betreten.*

Warum erzähle ich Ihnen das? Diese Situation ist ein typisches Beispiel für: *Wir labern und tun es nicht!* Mein Freund und ich wollten kaufen. Und die einzige Aufgabe des Verkäufers war, den Sack zuzumachen. Und was tut er? Er labert. Und macht damit (fast) alles kaputt!

Ich gehe nicht davon aus, dass Sie sich so wie dieser Verkäufer verhalten. Aber ist es Ihnen auch schon mal passiert, dass Sie den Abschluss beziehungsweise die Abschlussfrage in die Länge gezogen und stattdessen erzählt haben?

Einige der Gründe, warum wir kurz vorm Ziel in einen Laberflash verfallen können, sehen Sie in meiner „Laber-Checkbox":

Laber-Checkbox

- Wir definieren uns stark über unser Produktwissen und glauben, wir haben unserem Kunden noch nicht alles gesagt, was er wissen muss. Genau das ist auch unserem Möbelverkäufer passiert.
- Wir spüren, dass unser Kunde noch nicht angebissen hat. Deshalb wollen wir die mögliche Abfuhr rausschieben – dahinter steht oft die Angst vor dem „Nein".
- Wir sind grundsätzlich unsicher, fürchten uns vor Ablehnung oder sind unter Druck.
- Wir stehen nicht voll hinter unserem Produkt und / oder unserem Unternehmen.
- Wir wollen die Verantwortung für den Verkauf nicht übernehmen.

- Wir haben im Verkauf Zusicherungen gemacht, die wir nicht erfüllen können. Jetzt müssen wir liefern – und können es gar nicht. Deshalb haben wir Angst vor dem „Ja".
- Wir erkennen die Abschlusssignale des Kunden nicht und denken, wir müssten unseren typischen Verkaufsleitfaden weiterreiten. Auch dafür ist unser Möbelverkäufer ein typisches Beispiel.
- Der Weg aus diesem Dilemma? Werden Sie sich erst einmal bewusst, welche der genannten Punkte auf Sie zutreffen könnten und warum. Was hat Sie in letzter Zeit immer wieder am Abschluss gehindert? Wo standen Sie sich (vielleicht auch unbewusst) selbst im Weg? Worauf lag Ihr Fokus kurz vor dem Abschluss? Und worauf sollte er liegen?

Der Abschluss-Kick!

Die Profiler-Regeln für den Abschluss

1. Halten Sie die Reihenfolge ein:

- Überspringen Sie keine der vier Verkaufsphasen A – I – D und Aplus. Halten Sie den Spannungsbogen.
- Erkennen Sie, in welcher Phase sich Ihr Kunde gerade befindet.
- Nutzen Sie in jeder Phase das richtige Werkzeug. Versuchen Sie beispielsweise nicht, schon in Phase I den Sack zuzumachen, weil Sie Interesse mit Verlangen verwechseln.

2. Sichern Sie in Phase D den Abschluss mit Test- und / oder Bestätigungsfragen ab:

- Stellen Sie mit gezielten Fragen sicher, dass Sie auf Kurs sind: „Herr Kunde, wenn Sie sich jetzt entscheiden würden, was spricht in Ihren Augen für einen Kauf? Und was dagegen?"

- Wenn Sie merken, dass Ihr Kunde noch nicht wirklich angebissen hat, dann versuchen Sie nicht, ihn krampfhaft und mithilfe diverser Abschlusstechniken zur Unterschrift zu bewegen. Gehen Sie wieder zurück in Phase D und suchen Sie den richtigen Köder.

3. Programmieren Sie sich vor dem Verkauf auf den Abschluss:

- Machen Sie sich klar: Unser Handeln folgt dem Fokus. Wenn Sie *im* Verkauf nur an den Abschluss denken, übersehen Sie den Kunden. *Im* Verkauf liegt Ihr Fokus auf dem Kunden; *vor* dem Verkauf auf Ihnen und Ihrem Ziel.

4. Seien Sie konsequent:

- Am Ende eines Verkaufsgesprächs steht ein klares Ergebnis: Ein Ja oder ein Nein oder ein konkreter Folgetermin. Kein Ergebnis sind Floskeln wie: *„Ich denke unter gewissen Umständen ... und eventuell würde ich ... ich melde mich ...!"*

5. Setzen Sie den Abschluss-Kick – das ist Ihr Job!

Abschließen heißt: Gas geben, die Verantwortung übernehmen und den Sack zumachen!

Alle wichtigen Werkzeuge der vier Verkaufsphasen sehen Sie hier noch einmal zusammengefasst:

Phase	Ziel	Werkzeug
A	Aufmerksamkeit	■ Akquiseköder ■ AIDA-Faktor
I	Interesse	■ Elevator Pitch ■ Ich-Perspektive / Sie-Perspektive ■ Evaluierungsfrage als Brücke zu Phase D
D	Verlangen	■ Profiler-Verkaufsleitfaden ■ Erwartungshaltung ■ Psychologische Landkarte ■ Emotionsköder entwickeln ■ Preis in andere Relation setzen ■ Anbeißen lassen ■ Sekundäre Rationalisierung ■ Sack zumachen
A	Sack zumachen	■ Nicht labern! ■ Reihenfolge einhalten ■ In Phase D den Abschluss mit Test- und Bestätigungsfragen absichern ■ Vor dem Verkauf auf den Abschluss programmieren ■ Konsequent sein ■ Den Abschluss-Kick setzen

Step 5:
Die Profiler-Tools

Die Welt des Kunden

Wie viele Welten gibt es? Und leben wir wirklich alle in derselben Welt?

In Kapitel 3.4 haben wir uns schon mit der Platinregel von Tony Alessandra befasst:

„Behandle andere Menschen so, wie sie behandelt werden wollen." Die Platinregel

Wir leben zwar alle auf demselben Planeten, aber jeder lebt in seiner eigenen Welt. Je nachdem, durch welche Brille wir sehen, und je nachdem, wie wir ticken, nehmen wir die Welt wahr. Profiler nehmen im Verkauf ihre Brille ab und setzen die Brille ihres Kunden auf. Sie verlassen kurzzeitig ihre eigene Welt und begeben sich in die Welt des Kunden.

Wie schaffen wir es, auch *wirklich* in die Welt unseres Kunden einzutauchen? Den *richtigen* Köder zu entwickeln? Unseren Kunden *emotional* zum Abschluss zu steuern?

In den vergangenen Kapiteln haben wir uns damit befasst, die möglichen Probleme (Schmerzen / Ängste) und Wünsche (Freuden / Ziele) unserer Kunden herauszufinden. Anschließend haben wir sie mit der MÄRZ-Formel konkretisiert und das Grundgerüst der psychologischen Landkarte entwickelt. In diesem Kapitel geht es darum, wie Sie Ihre Kunden mit den Profiler-Tools I – III noch einfacher lesen und somit noch erfolgreicher in Richtung Abschuss lenken können.

5.1 Profiler-Tool I: Identifizierung der Brandherde

Feueralarm! Schauen wir uns vor diesem Hintergrund noch einmal die 3. Verkaufsphase D an. Die „*Ich-will-kaufen!*"-Phase.

Für die Entwicklung unseres Emotionsköders brauchen wir das WARUM unseres Kunden. Ein WARUM, das wir mit unserem Produkt auch lösen können. Es ist also sinnvoll, dass wir uns nur den Ausschnitt der psychologischen Landkarte anschauen, der für uns relevant ist.

Stellen Sie sich eine Weltkugel vor. Stellen Sie sich vor, die ganze Weltkugel wäre die psychologische Landkarte Ihres Kunden. Das Problem, das Sie mit Ihrem Produkt lösen können, liegt in Kapstadt. Dann brauchen Sie sich doch mit Australien, Europa, Asien ... gar nicht zu befassen. Das wäre verschwendete Energie. Es reicht, wenn Sie Ihren Fokus auf Südafrika beschränken.

Auf den Verkauf übertragen heißt das: Wir betrachten nur den Teil der psychologischen Landkarte, in dem die Hauptprobleme beziehungsweise Herausforderungen unserer Kunden liegen, die wir lösen können und wollen. Wir suchen die Brandherde. Die Lebensbereiche unserer Kunden, in denen es am meisten brennt.

Wo brennt's?
Nehmen wir unsere *Rentenversicherung* wieder als Beispiel. Wo brennt es am meisten bei potenziellen Kunden einer Rentenversicherung? Um den Verkaufstrichter anfangs möglichst groß zu halten, entscheiden wir uns immer für drei Brandherde und

überlegen uns für jeden dieser Brandherde das Hauptproblem beziehungsweise den Auslöser. Das kriegen wir in drei Schritten raus:

- **Schritt 1:**
Hier überlegen Sie sich die drei wichtigsten allgemeinen Nutzenmerkmale Ihres Produkts. Was sind die drei Dinge, die eine Rentenversicherung am besten kann?

- **Schritt 2:**
Im zweiten Schritt überlegen Sie sich, welche drei Lebensbereiche Ihres Kunden von den drei Nutzenmerkmalen betroffen sind. Wo liegen die drei Brandherde, die Sie mit Ihrem Produkt löschen können?

- **Schritt 3:**
Im letzten Schritt überlegen Sie sich, was die Auslöser der einzelnen Brandherde sind. Machen Sie sich klar, mit welchen Herausforderungen und Problemen Ihre Zielgruppe in den einzelnen Lebensbereichen typischerweise zu kämpfen hat. Wo liegt der Schmerz? Damit haben Sie den Auslöser.

Die drei Schritte, wie Sie die relevanten Brandherde identifizieren, sehen Sie in der folgenden Tabelle noch einmal zusammengefasst:

Identifizierung der Brandherde
Schritt 1: Was kann mein Produkt? Was ist der allgemeine Nutzen?
Schritt 2: Bei welchen drei Brandherden spielt dieser Nutzen für Ihren Kunden eine Rolle?

> Schritt 3:
> Was ist für jeden Brandherd die größte Herausforderung, vor der Ihre Zielgruppe steht? Was ist das größte Problem, mit dem sie zu kämpfen hat? Was ist der Auslöser?

Und jetzt schauen wir uns die drei Schritte am Beispiel einer *Rentenversicherung* in der Praxis an:

Beispiel: Rentenversicherung

- Schritt 1:

Was kann eine Rentenversicherung?
Die drei wichtigsten allgemeinen Nutzenmerkmale:
a) *Rentensituation verbessern und Sicherheit im Alter geben.*
b) *Steuerliche Vorteile generieren* – zum Beispiel durch eine Riester-Rente.
c) *Inflationsschutz bieten* – zum Beispiel durch den Einsatz von Aktienfonds.

- Schritt 2:

Welche Brandherde / Lebensbereiche sind hiervon betroffen?
a) Rentensituation: das Rentenleben
b) Steuerliche Situation: das Arbeitsleben
c) Inflationsschutz: das Familienleben

- Schritt 3:

Was ist die jeweils größte Herausforderung in jedem Lebensbereich? Was ist der Auslöser für den Brandherd?
a) Rentenleben:

Auslöser „Rente": Die Rente reicht hinten und vorne nicht.
Problem / Schmerz: Das ganze Leben gearbeitet zu haben und am Ende mit leeren Händen dazustehen.

b) Arbeitsleben:

Auslöser „Steuern und Abgaben": Über die Hälfte des Bruttolohns geht für Steuern und Abgaben weg.

Problem / Schmerz: Mehr als die Hälfte des Jahres für den Staat arbeiten zu gehen. Das Geld reicht hinten und vorne nicht.

c) Familienleben:
Auslöser „Inflation": Alles wird immer teurer.
Problem / Schmerz: Man muss immer mehr arbeiten und hat immer weniger Zeit.

Können Sie sich vorstellen, dass sich ein Großteil der Zielgruppe einer Rentenversicherung in den oben genannten Brandherden mit ihren Herausforderungen und Problemen wiederfindet? Können Sie sich auch vorstellen, dass es sinnvoll ist, aus diesen Brandherden direkt die entsprechenden Elevator Pitches zu entwickeln? Schauen wir uns ein entsprechendes Beispiel im Profiling-Ansatz an:

Profiling-Ansatz
Profiler: „Ein Großteil unserer Kunden hat die Angst, sich das ganze Leben abgerackert zu haben und am Ende, wenn es darum geht, den Ruhestand noch zu genießen, vor dem Nichts zu stehen. Wir zeigen unseren Kunden, wie ihnen das nicht passiert. Das bedeutet für Sie, dass Sie sich auf Ihren Lebensabend im Alter freuen können. Interessiert Sie das?"

Klassischer Ansatz
Verkäufer: „Ich bin Altersvorsorgespezialist und verkaufe Rentenversicherungen."

Mit den richtigen Brandherden und ihren Auslösern können Sie nicht nur passende und treffsichere Elevator Pitches entwickeln, sondern auch super Akquiseköder. Der Vorteil: Sie bauen von Anfang an den richtigen Spannungsbogen auf und lenken Ihren Kunden in die emotionale Welt, die für ihn, für Sie und für Ihr Produkt relevant ist.

Kunden steuern

Hier ein Beispiel:

- Der bildliche Akquiseköder im Profiling-Ansatz könnte ein großes, leeres schwarzes Loch sein – das Nichts.
- Im klassischen Ansatz wäre der entsprechende Köder das Rating und die Performance der entsprechenden Versicherungsgesellschaft.

Was zieht mehr?

Finden Sie für jede Zielgruppe die Brandherde mit ihren jeweiligen Auslösern!

Wo brennt's beim Kunden?

Der individuelle Köder

Als Nächstes verkleinern Sie Ihren Verkaufstrichter. Mit den ersten drei Schritten haben Sie *alle* potenziellen Kunden einer Rentenversicherung angesprochen. Jetzt geht es darum, den individuellen Emotionsköder für Ihren *jeweiligen* Kunden zu entwickeln. Sie müssen herausfinden, wo es bei dem Kunden brennt, der gerade bei Ihnen am Verkaufstisch sitzt. Aus dem *allgemeinen* Nutzen des Produkts wird also der *persönliche, individuelle* Nutzen für Ihren Kunden. Sie machen sich auf die Suche nach dem WARUM.

Ihre drei definierten Brandherde sind Ihre Orientierung. Sie müssen herausfinden, in welchem der Brandherde das WARUM Ihres Kunden sitzt. Wie Sie das schaffen, erfahren Sie im nächsten Profiler-Tool, der Problemfindungsphase.

5.2 Profiler-Tool II: Problemfindungsphase

Wenn Sie wissen wollen, wo es bei Ihrem Kunden am meisten brennt, müssen Sie seine Sichtweise und Einstellung kennen – und zwar zu jedem der drei Brandherde. Sie entwickeln also als Erstes für jeden dieser Bereiche die Grundpfeiler der psychologischen Landkarte.

Was wünscht sich Ihr Kunde in dem jeweiligen Lebensbereich, was ist seine Freude? Wovor hat er Angst, was ist sein Schmerz? Anschließend nehmen Sie die MÄRZ-Formel zu Hilfe und finden seine vier Haupttreiber raus.

Sieht Ihr Kunde die gleichen Auslöser, Probleme und Herausforderungen wie Sie? Was sind seine Motive, Ängste, Risiken und Ziele (MÄRZ-Formel) in jedem Lebensbereich? Was ist sein WARUM?

Die Haupttreiber finden!

Beispiel: Rentenversicherung

Beispiel

Nutzenmerkmal: Rentensituation verbessern
- Brandherd: das Rentenleben
- Auslöser „Rente": Die Rente reicht hinten und vorne nicht.
- Problem / Schmerz: Das ganze Leben gearbeitet zu haben und am Ende mit leeren Händen dazustehen.

Nutzenmerkmal: Steuerliche Vorteile generieren
- Brandherd: das Arbeitsleben
- Auslöser „Steuern und Abgaben": Über die Hälfte des Bruttolohns geht für Steuern und Abgaben weg.
- Problem / Schmerz: Mehr als die Hälfte des Jahres für den Staat arbeiten zu gehen. Das Geld reicht hinten und vorne nicht.

Nutzenmerkmal: Inflationsschutz bieten
- Brandherd: das Familienleben

- Auslöser „Inflation": Alles wird immer teurer.
- Problem / Schmerz: Man muss immer mehr arbeiten und hat immer weniger Zeit.

Probleme erfragen

Das ist unsere Ausgangssituation. Wir haben die drei Brandherde identifiziert und starten mit der Problemfindungsphase:

Profiler: *„Wir wollen uns heute zwar über Ihre Versicherungen unterhalten, aber in erster Linie, Herr Mustermann, geht es einmal um Sie. Ich habe Ihnen ja schon angekündigt, dass ich ein paar Fragen an Sie habe. Lassen Sie mich am besten kurz skizzieren, worum es geht:*

Stimmen Sie mir zu, dass das alles Lebensbereiche sind, die Sie mehr oder weniger beschäftigen? Und irgendwie hängen alle miteinander zusammen, oder? Sie arbeiten, um Geld zu verdienen und Ihr Familienleben zu bestreiten. Irgendwann gehen Sie in Ihren wohlverdienten Ruhestand und profitieren von dem, was Sie in Ihrem Arbeitsleben geleistet haben. Oder auch nicht."

Wir steuern unseren Kunden zu seinen Brandherden. Jetzt ist der ideale Zeitpunkt, um Informationen zu sammeln. Stellen Sie Ihrem Kunden gezielt Fragen zu den einzelnen Lebensbereichen. Finden Sie heraus, wie er tickt.

Behalten Sie dabei immer die psychologische Landkarte im Hinterkopf. Sie hilft Ihnen, die richtigen Fragen zu stellen. Fragen Sie Ihren Kunden beispielsweise, wie er zu seinem Job steht. Ob er ihn mag. Warum er ihn macht ... Fragen Sie ihn, wie er die Zukunft seines Unternehmens einschätzt. Wo er Chancen sieht und wo Risiken. Was er von seiner Rentensituation hält, wie sein Familienleben aussieht ... Finden Sie heraus: *Was ist seine Einstellung zu den drei Brandherden? Und vor allem: WARUM?*

Sie werden sehen, Ihr Kunde wird Ihnen gerne Auskunft geben
– vorausgesetzt, Sie haben Ihr Gespräch entsprechend des Profiler-Verkaufsleitfadens eröffnet und dem Kunden Ihre Erwartungshaltung mitgeteilt. Dann weiß er, warum Sie ihm diese Fragen stellen. Und er weiß: Es geht um ihn!

Ich nenne diese Phase immer unsere „Informationssammelphase". Am Ende dieser Phase haben Sie drei Bilder von Ihrem Kunden. Sie kennen seine Motive, Ängste, Risiken und Ziele, bezogen auf *seine* drei Brandherde: Renten,- Arbeits- und Familienleben. Und Sie wissen, welcher Bereich Ihren Kunden am meisten bewegt. Sie wissen, wo sein stärkster Treiber, sein WARUM liegt.

„Sammelphase"

Brandherd Rentenleben		Brandherd Familienleben		Brandherd Arbeitsleben	
Ängste	Motive	Ängste	Motive	Ängste	Motive
					x = WARUM
Risiken	Ziele	Risiken	Ziele	Risiken	Ziele

In diesem Beispiel läge der individuelle Brandherd unseres Kunden bei seinem Arbeitsleben. Sein stärkster Treiber wäre ein Motiv. Seine Motivation: „hin-zu". Unser Job als Profiler wäre, dieses Motiv mit unserem Produkt zu erfüllen.

Beispiel: Rentenversicherung
- *Das passende Nutzenmerkmal wäre: Steuerliche Vorteile generieren.*
- *Das Motiv: Nicht mehr über die Hälfte des Jahres für den Staat arbeiten zu gehen, sondern für die eigene Tasche.*

Im Profiling-Ansatz würden wir jetzt den Schwerpunkt unseres Verkaufsgesprächs auf die steuerlichen Vorteile, beispielsweise auf eine Riester-Rente, legen. Dadurch könnten wir den Bogen spannen von dem, was unser Produkt tut, zum WARUM unseres Kunden.

Die Zeitreise

Im Nachhinein ...

Kennen Sie das? Sie stecken in einer Situation fest. Sie sehen den Ausweg nicht. Wenn Sie ein paar Tage oder auch Jahre später auf diese Situation zurückblicken, erscheint Ihnen plötzlich alles ganz klar: „Im Nachhinein ist halt alles einfacher."

Wir sehen und bewerten Dinge mit dem Blick in Richtung Vergangenheit anders als in dem Moment, in dem wir in der Situation feststecken. Ähnlich verhält es sich mit der Zukunft: Ist eine bedrohliche Situation noch weit weg, erscheint sie uns oft gar nicht so bedrohlich. Steht sie jedoch kurz bevor oder sind wir mittendrin, dann aber hallo! Die Folge: Wir handeln erst, wenn es (fast) schon zu spät ist.

Genauso geht es Ihrem Kunden. Er sieht vielleicht sein Rentenleben noch in weiter Ferne und spürt keinen wirklichen Handlungsimpuls. Oder er sagt sich: „Na ja! Irgendwie wird es schon gehen." Er sieht vielleicht die Auswirkungen des immer stärker werdenden Konkurrenzdrucks noch in weiter Ferne und denkt: „Da habe ich ja noch Zeit, um etwas zu tun."

Wahrscheinlich ist ihm gar nicht mehr bewusst, dass er sich rückblickend schon oft gesagt hat: „Hätte ich mal früher reagiert!" Wahrscheinlich ist ihm auch nicht bewusst, dass er sich vor 10 Jahren gar nicht vorstellen konnte, wie stark der Konkurrenzdruck heute sein würde. Genauso wenig kann er sich heute vorstellen, wie stark der Konkurrenzdruck *zukünftig* sein wird, wenn weitere zehn Jahre vergangen sind.

So passiert es, dass wir ein und dieselbe Situation aus unterschiedlichen Zeitfenstern heraus unterschiedlich bewerten. Ein super Instrument, wie wir uns und unseren Kunden davor schützen können, aufgrund der Zeitperspektive eine falsche Entscheidung zu fällen, ist die *Zeitreise.* Warten wir doch nicht, bis die zehn Jahre ins Land gegangen sind und dann vielleicht wirklich die Hütte brennt. Begeben wir uns doch gedanklich schon mal auf die Reise.

Einfach wirkungsvoll!

Schicken Sie Ihren Kunden auf eine Zeitreise. Eine Zeitreise zu allen drei Brandherden – mit den dazugehörigen Problemen und Auslösern. Und zwar von der Vergangenheit in die Zukunft. Ein sehr einfaches, aber wirkungsvolles Werkzeug.

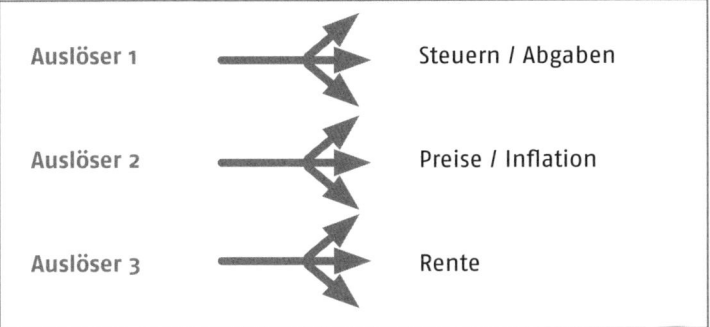

Oft handeln wir erst, wenn es zu spät ist. Beugen Sie vor, und nehmen Sie Ihren Kunden mit auf die Zeitreise!

Auf in die Zukunft!

Hier ein Beispiel:

Profiler: „Ihre Horrorvorstellung ist also, dass Sie irgendwann im Alter, nachdem Sie sich über 30 Jahre lang abgerackert haben, in einer schmuddeligen 3er-WG im städtischen Altenheim aufwachen?!"
Kunde: „Ja."
Profiler: „Warum haben Sie bis jetzt noch nichts gemacht, um das zu verhindern?"

Haben Sie eine Idee, was jetzt kommen könnte?

Kunde: „Ich denke, da habe ich noch Zeit. Und Geld habe ich momentan auch nicht übrig."

Was kommt? Und die Zeitreise beginnt ...

Profiler: „Verstehe. Sagen Sie, konnten Sie sich vor 10 Jahren vorstellen, dass sich die Rentensituation bei uns einmal so entwickeln würde?"
Kunde: „Nein."
Profiler: „Was denken Sie, wie wird es in der Zukunft aussehen? Klar, wir haben alle keine Glaskugel. Aber was glauben Sie: Wird es so bleiben? Oder wird es eher besser? Oder noch schlechter?"
Kunde: „Ich glaube, es wird noch schlechter."

Die Zeitreise zum ersten Brandherd ist beendet. Jetzt nehmen Sie sich den nächsten vor. Das Arbeitsleben und die Inflation:

Profiler: „Wie sieht Ihr Einkaufswagen heute aus, wenn Sie für 50 Euro einkaufen? Können Sie sich noch erinnern, wie er vor 10 Jahren aussah, wenn Sie für 100 Mark eingekauft haben?"
Kunde: „Allerdings."
Profiler: „Was glauben Sie, wie wird das in 10 oder 20 Jahren sein? Kriegen Sie dann noch weniger für Ihr Geld? Wird es eher besser oder schlimmer? Oder meinen Sie, alles bleibt, wie es ist?"
Kunde: „Ich denke, ich kriege dann noch weniger. Wenn wir überhaupt noch den Euro haben."

Damit ist auch die zweite Zeitreise abgeschlossen. Es geht weiter zum letzten Brandherd – zum Arbeitsleben mit seinen Steuern und Abgaben:

Besser oder schlechter?

Profiler: *„Was meinen Sie, wie werden sich unsere Steuern entwickeln? Bleibt es so? Wird es besser? Oder schlechter?"*
Kunde: *„Eher schlechter."*

Das war die letzte Zeitreise. Dank der Erstellung der psychologischen Landkarte wissen Sie ja bereits, in welchem Brandherd das WARUM Ihres Kunden sitzt. In diesem Brandherd halten Sie sich logischerweise am längsten auf.

Fassen Sie am Ende der Zeitreise alle Ergebnisse kurz zusammen. Achten Sie darauf, dass Sie wirklich die Antworten nutzen, die Ihnen Ihr Kunde gegeben hat. Auch wenn Ihnen diese Antworten vielleicht nicht immer passen, werten Sie nicht. Nur so überzeugt sich Ihr Kunde selbst. Besser er macht das – und nicht Sie. Sie sorgen nur für die richtigen Fragen.

Profiler: *„Fassen wir zusammen. Sie glauben also, die Rentensituation bei uns wird immer schlechter. Auf der anderen Seite wird alles teurer, und das Geld, das Sie zum Leben haben, wird immer weniger."*

Lassen Sie das Gesagte bei Ihrem Kunden wirken. Jetzt ziehen Sie Ihre Schlüsse. Sie beginnen, den Bogen von Ihrem Produkt zum WARUM Ihres Kunden zu spannen.

Profiler: *„Das heißt doch im Endeffekt: Sie müssen zukünftig noch mehr arbeiten, um sich Ihren Lebensstandard leisten zu können. Gleichzeitig haben Sie immer höhere Abzüge und müssen dann immer mehr Geld beiseite packen, um im Alter halbwegs vernünftig leben zu können."*

Lassen Sie das Gesagte bei Ihrem Kunden wirken. Machen Sie dann die Zeitreise wieder „zurück", und holen Sie die Zukunft in die Gegenwart. Transportieren Sie das Gesagte ins Hier und Jetzt und halten Sie Ihrem Kunden direkt vor Augen, welche

Zeitreise rückwärts!

Konsequenzen es hat, wenn er wartet und seine Entscheidung in Richtung Zukunft schiebt:

Profiler: *„Jetzt stellen Sie sich doch mal vor, Sie würden heute in Rente gehen. Sie haben nur noch etwa die Hälfte Ihres Geldes zur Verfügung. Wie sähe Ihr Leben jetzt aus? Worauf würden Sie verzichten?*
Jetzt nehmen Sie noch die Inflation dazu und halbieren den Betrag noch mal. Wie sähe Ihr Leben nun aus? Sind Sie jetzt in Ihrer 3er-WG? Wenn es heute schon nicht funktionieren würde, wie soll es dann in Zukunft gehen, wenn alles noch schlechter wird? Wenn die Abgaben weiter steigen, das Rentenniveau weiter sinkt und alles immer teurer wird, wie Sie selbst gerade gesagt haben?"

Haben Sie eine Idee, was für ein innerer Film gerade bei Ihrem Kunden abläuft? Können Sie sich vorstellen, dass Ihr Kunde jetzt einen ganz anderen Handlungsimpuls hat als am Anfang des Gesprächs? Dass er jetzt handeln will? Und nicht handeln soll, weil Sie ihm vielleicht gesagt haben, er bräuchte unbedingt eine Rentenversicherung als Altersvorsorge?

Übung 5.1:

Definieren Sie die drei Brandherde, die für Ihre Zielgruppe relevant sind. Welche Hauptprobleme haben Ihre Kunden in den jeweiligen Lebensbereichen? Vor welchen Herausforderungen stehen sie? Was sind also die Auslöser der Brandherde? Starten Sie mit dem ersten Schritt, Ihrem allgemeinen Produktnutzen:

1. Schritt: Entscheiden Sie sich für die drei wichtigsten allgemeinen Nutzenmerkmale Ihres Produkts. Was kann Ihr Produkt?

a) _____

b) _____

c) _____

2. Schritt: In welchen drei Lebensbereichen / Brandherden spielt dieser Nutzen für Ihre Kunden eine Rolle?

a) _____

b) _____

c) _____

3. Schritt: Vor welchen Herausforderungen beziehungsweise Problemen stehen Ihre Kunden in diesen Lebensbereichen? Was sind die Auslöser?

a) _____

b) _____

c) _____

Schauen wir uns noch ein weiteres Beispiel an. Dieses Mal aus dem B-to-B-Bereich. Das Produkt ist das *CRM-System*, das Sie schon aus Kapitel 3.2 kennen. Wie sehen hier die drei Schritte zur Identifizierung der Brandherde aus?

Schritt für Schritt!

Beispiel: CRM-System

Beispiel

■ **1. Schritt: Nutzenmerkmale**
Die drei wichtigsten Nutzenmerkmale eines CRM-Systems:
a) *Zeitersparnis*
b) *Kundenbindung steigt*
c) *Strategisches Akquisetool*

■ **2. Schritt: Brandherde**
In welchen drei Lebensbereichen spielt dieser Nutzen für Ihre Kunden eine Rolle:

5.2 Profiler-Tool II: Problemfindungsphase

a) Brandherd Unternehmerdasein
b) Brandherd Marktleben
c) Brandherd Kunden

- 3. Schritt: Auslöser

Vor welcher Herausforderung oder vor welchem Problem stehen Ihre Kunden? Was ist der Auslöser für die Brandherde:
a) Auslöser: Zeitdruck – schneller sein als der Wettbewerb, aber der steigende Bürokratieaufwand bremst einen immer mehr aus.
b) Auslöser: Konkurrenzdruck – immer stärkere Konkurrenz aus dem Ausland.
c) Auslöser: Immer weniger Neukunden – Kunden lassen sich beraten und kaufen dann im Internet.

CRM-System – Schritte zur Identifizierung der Brandherde

1. Schritt: Nutzenmerkmale	2. Schritt: Brandherde	3. Schritt: Auslöser
1. Zeitersparnis	Unternehmer	Zeitdruck
2. Kundenbindung	Markt	Konkurrenzdruck
3. Akquisetool	Kunde	Neukunden

Problemfindungsphase

Sie starten mit der Informationssammelphase:
- Wie tickt Ihr Kunde?
- Wie sieht er sein Leben als Unternehmer?
- Welche Herausforderungen hat er?
- Wo sieht er Chancen?
- ...

Sie erstellen die psychologischen Landkarten für die drei Brandherde und erfahren, wo es am meisten brennt.

Zeitreise
Was glaubt Ihr Kunde?
- Wird der Zeitdruck in Zukunft größer? Wird er weniger? Bleibt er gleich?
- Wird der Konkurrenzdruck in Zukunft größer? Wird er weniger? Bleibt er gleich?
- Wird die Zahl der Neukunden in Zukunft größer? Oder eher weniger? Bleibt alles so, wie es ist?

Achten Sie darauf, dass Sie Ihre Fragen in Bilder und kleine Geschichten verpacken. Fassen Sie die Antworten Ihres Kunden zusammen. Ziehen Sie Ihre Schlüsse. Und dann holen Sie die Zukunft in die Gegenwart.

Sie fassen zusammen:

Profiler: *„Sie glauben also, der Zeitdruck wird in Zukunft noch größer. Gleichzeitig nimmt der Konkurrenzdruck zu, und die Anzahl Ihrer Neukunden wird weiter sinken."*

Sie ziehen Ihre Schlüsse – und zwar unter der Prämisse, dass das WARUM Ihres Kunden die Angst ist, vom Markt zu verschwinden, von der Konkurrenz verdrängt zu werden und in die Pleite zu rutschen. Noch ist die Angst aber in weiter Ferne. Ihr Kunde „wurschtelt" sich so durch.

Profiler: *„Das heißt doch im Endeffekt: Sie bräuchten in Zukunft eine noch höhere Kundenbindung, um die immer weniger werdenden Neukunden zu kompensieren. Gleichzeitig steigt der Konkurrenzdruck auf Ihre bestehenden Kunden, aber Sie haben immer weniger Zeit, sich mit Ihren Kunden zu befassen, um sie zu halten."*

Sie holen die Zukunft ins Hier und Jetzt:

Profiler: *„Stellen Sie sich mal vor, Sie hätten heute nur noch die Hälfte Ihres Umsatzes generiert, einen Großteil Ihrer Kunden haben Sie an Ihre Konkurrenz verloren. Tendenz weiter steigend. Gleichzeitig ist*

auch noch Ihr Umsatz aus dem Neukundengeschäft zurückgegangen. Wie sähe es jetzt in Ihrem Unternehmen aus?"

Kunde: „Ich müsste viele meiner Mitarbeiter entlassen. Und wahrscheinlich wäre ich pleite."

Profiler: „Wenn es heute schon nicht funktionieren würde, wie soll es dann in Zukunft gehen, wenn alles noch schlechter wird?"

Können Sie sich vorstellen, dass Ihr Kunde jetzt plötzlich einen Handlungsimpuls verspürt?

Emotionsköder

Als Nächstes entwickeln Sie Ihren Emotionsköder: Sie bauen die Brücke vom WARUM zum WIE. In der Problemfindungsphase waren Sie auf der linken Seite der psychologischen Landkarte unterwegs. Wovon will Ihr Kunde weg? Mit dem Emotionsköder gehen Sie auf die rechte Seite und aktivieren seine „Hin-zu-Motivation". Wo will er hin? Sie führen Ihren Kunden vom Schmerz zur Freude, vom Problem zur Lösung.

Die Lösung einleiten

Profiler: „*Was glauben Sie, verbessern oder verschlechtern Sie Ihre Situation, wenn Sie jetzt nicht handeln und stattdessen abwarten?*"

Kunde: „*Wahrscheinlich mache ich es schlimmer.*"

Die Lösung präsentieren

Den Brand löschen!

Profiler: „*Mal angenommen, Sie hätten eine Software, mit deren Hilfe Sie die Anzahl Ihrer Neukunden im nächsten Jahr verdoppeln könnten. Und mal angenommen, Sie hätten dann noch ein Tool an der Hand, mit dem Sie Ihre Kunden wirklich an sich binden und zu Ihren Fans machen könnten, und zwar ohne zeitlichen Mehraufwand. Hätten Sie dann vielleicht ein paar schlaflose Nächte weniger, wenn Sie an Ihre Zukunft denken?*"

Kunde: „*Klar. Aber wie ... ?*"

Profiler: „*Das zeige ich Ihnen jetzt.*"

Und jetzt geht es weiter zum WIE. Sie haben die Brücke erfolgreich mit Ihrem Emotionsköder gebaut.

Die gleiche Methodik können wir beim Beispiel der Rentenversicherung anwenden. Wir löschen den Brand und entwickeln unseren Emotionsköder.

Beispiel: Rentenversicherung
Profiler: „*Mal angenommen, Sie wüssten, wie Sie sogar noch davon profitieren könnten, dass unser Geld Jahr für Jahr an Wert verliert. Mal angenommen, Sie könnten ab morgen einen Teil Ihrer hart erarbeiteten Steuern wieder in Ihre eigene Tasche zurückholen. Und mal angenommen, Sie könnten die Gedanken an Ihre 3er-WG komplett begraben – würden Sie dann sorgenfreier in Ihre Zukunft blicken?*"
Kunde: „*Klar. Aber wie ...*"
Profiler: „*Das zeige ich Ihnen jetzt.*"

Und weiter geht's zum WIE Ihres Produkts. Bieten Sie Ihrem Kunden mit dem Emotionsköder die Erfüllung seines Problems an. Löschen Sie den Brand.

Beißt der Kunde an, wissen Sie: Sie sind auf Kurs. Sie haben Ihren Vorabschluss in der Tasche – *ohne dass Sie in die konkrete Produktpräsentation gegangen sind*. Ihr Kunde hat das gekauft, was Ihr Produkt tut, und nicht das, was es ist. Und: Er hat Sie gekauft!

Den Preis richtig verkaufen
Jetzt können Sie den Preis in die richtige Relation setzen. Sie haben bereits in Kapitel 4.4 gesehen: Mit einer klassischen Preisstrategie liefern Sie Ihrem Kunden eine Steilvorlage für Preisdiskussionen und Konkurrenzkämpfe. Deshalb: Setzen Sie den Preis in Relation zum Brandherd und dem WARUM Ihres Kunden. Nehmen wir dazu wieder unser Beispiel mit der CRM-Software.

Jetzt zum Preis!

Beispiel: CRM-Software
Profiler: „*Wenn Ihnen künftig Ihre Sorgen, vom Markt zu verschwinden oder in die Pleite zu rauschen, genommen werden, wäre Ihnen das 40 Euro am Tag wert?*"

Die klassische Strategie wäre:

Verkäufer: *„Diese Software kostet 50.000 Euro."*

Hat Ihr Kunde beim Emotionsköder nicht angebissen, brauchen Sie gar nicht weiter zum Preis zu gehen. Sie haben seinen Brand noch nicht gelöscht und müssen zurück in die Problemfindungsphase. Anscheinend haben Sie sein WARUM noch nicht getroffen.

Die Zeitreise führt Ihren Kunden vom Schmerz zur Freude.

Übung 5.2:

Ergänzen Sie Ihre Ausführungen aus der Übung 5.1 um die Problemfindungsphase. Wie könnte die Zeitreise Ihres Kunden aussehen? Fassen Sie zusammen, ziehen Sie Ihre Schlüsse und holen Sie die Situation in die Gegenwart. Zum Schluss entwickeln Sie dann den passenden Emotionsköder.

Das WIE und das WAS

Weiter zur Ratio!

Sie haben Ihren Köder entwickelt und ausgeworfen. Jetzt heißt es, Ihrem Kunden zu *beweisen*, dass Ihr Produkt die Lösung für seine Probleme ist. Jetzt entscheidet Stimmigkeit. Ihr Kunde hat zwar emotional gekauft, aber er muss sich seine Entscheidung rational noch bestätigen. Sie sind in der Phase der *sekundären Rationalisierung*. Und da müssen Sie liefern.

Die Produktlandkarte ist die Schablone der psychologischen Landkarte. Das haben wir schon in Kapitel 4.4 festgestellt. Im WIE und im WAS der Phase der sekundären Rationalisierung führen wir beides zusammen. Wir legen das, was unser Produkt kann, wie eine Schablone über den Brandherd unseres Kunden und löschen den Brand.

Verkaufsprofiler kennen die Brandherde ihrer Kunden und sind in der Lage, sie mit ihrem Produkt zu löschen.

5.3 Profiler-Tool III: Vorbereitung

Eine der Grundvoraussetzungen, dass Verkaufsprofiling funktioniert, ist die Vorbereitung. Aber wie bereiten Sie sich richtig auf Ihre Kundentermine vor?

Übung 5.3:

Stellen Sie sich vor, Sie haben morgen einen Termin mit einem Bestandskunden. Schreiben Sie Ihre fünf Schritte zur Vorbereitung auf diesen Termin auf:

1. _____

2. _____

3. _____

4. _____

5. _____

Stelle ich diese Frage in meinen Seminaren, dann kommen Antworten wie:
- „Ich schaue mir die Kundenakte an und überlege, welches Produkt ich noch verkaufen könnte."
- „Ich sehe nach, wann der Kunde das letzte Mal bei mir war und welche Produkte er gekauft hat. Dann nehme ich meine Notizen und gehe ins Gespräch."

- „Ich probiere, mir den letzten Verkauf und das, was wir besprochen haben, in Erinnerung zu rufen."
- „Ich gehe offen in das Gespräch. Ich weiß ja noch gar nicht, was kommt."

Ist das eine professionelle Verkaufsvorbereitung? Im klassischen Verkauf vielleicht – aber nicht im Verkaufsprofiling!

Die Kundenakte Welche Informationen haben Sie in Ihrer Kundenakte? Steht da das WARUM Ihres Kunden? Stehen dort seine Brandherde? Seine wunden Punkte? Steht dort, wo sein Schmerz und wo seine Freude ist? Oder stehen dort eher allgemeine Informationen wie Alter, Beruf, Produktinfos, Zeithistorie ...?

Können Sie sich vorstellen, dass Sie es viel leichter haben, Folgeprodukte und Nachverkäufe zu tätigen, wenn Sie einmal das WARUM Ihres Kunden erkannt und seine Brandherde definiert haben? Können Sie sich auch vorstellen, dass Sie sich intensiver auf Ihren Kunden vorbereiten können, wenn Sie nicht nur die typischen Informationen (Alter, Beruf, letzter Kontakt ...) haben, sondern darüber hinaus auch noch seine psychologische Landkarte kennen?

Das Trichterprinzip
Mit dem Trichterprinzip haben wir uns schon in Kapitel 3.3 befasst. Das Trichterprinzip im klassischen Verkaufsansatz verhält sich umgedreht zu dem im Profiling-Ansatz:

- Der klassische Verkaufstrichter beginnt schmal und wird nach unten breiter; der Profiling-Trichter beginnt breit und wird nach unten schmaler.
- Im klassischen Verkaufsansatz verkaufen Sie ein Produkt; im Profiling-Ansatz verkaufen Sie sich und das WARUM.
- Im klassischen Verkauf haben Sie nur Informationen, die Ihren Kunden und seinen Bedarf bezogen auf Ihr Produkt betreffen; im Profiling-Ansatz verfügen Sie über alle für Sie

relevanten Informationen, die Ihren Kunden und seine psychologische Landkarte betreffen – unabhängig von Ihrem Produkt.

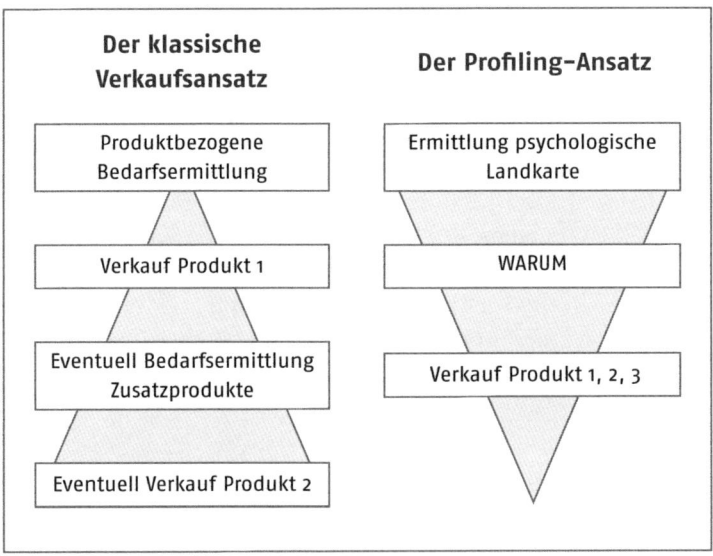

Klassischer Ansatz versus Profiling-Ansatz
Einer der beiden Hauptunterschiede zwischen beiden Ansätzen ist das Ziel und demzufolge die Vorbereitung des Verkäufers. Das primäre Ziel im klassischen Ansatz ist der Verkauf eines Produkts. Entsprechend sieht die Vorbereitung aus.

Die Hauptunterschiede

Stellen Sie sich einen Bausparspezialisten vor. Sein primäres Ziel ist vielleicht der Verkauf einer Bausparfinanzierung. Entsprechend wird er sich auf seinen Kundentermin vorbereiten. Er überlegt sich unterschiedliche Finanzierungsvarianten, checkt das Alter seines Kunden, die mögliche Laufzeit des Vertrags ... Kurz: Er befasst sich mit den allgemeinen Nutzenmerkmalen eines Bausparvertrags und mit der allgemeinen Bedarfsermittlung bei seinem Kunden.

Das Handeln folgt dem Fokus: Seine Fragen und seine Verkaufsstrategie sind klar auf die Bausparfinanzierung ausgerichtet. Relevante Informationen, die ihm die Möglichkeit zur Platzierung weiterer Produkte – etwa einer Aktienanlage – geben würden, erhält er wahrscheinlich nicht. Oder per Zufall. Hat er verkauft, wird die Akte geschlossen und vielleicht bei der nächsten Cross-Selling-Aktion – beispielsweise zum Thema Aktienfonds – wieder hervorgeholt.

Der Prozess geht von vorne los: Allgemeine produktbezogene Bedarfsermittlung mit dem Ziel, die Fondsanlage zu verkaufen. Was aber, wenn der Kunde schon Fonds hat? Was, wenn der Kunde seine Fonds aus Gründen hat, die Sie nicht kennen? Was, wenn Sie in den falschen Treiber argumentieren? Wenn Sie die MÄRZ-Formel und das WARUM nicht kennen? Die Folgen haben wir im 4. Kapitel gesehen – wir schießen uns selbst aus dem Rennen.

Profiler arbeiten anders
Ganz anders beim Profiling-Ansatz: Das primäre Ziel dieses Ansatzes ist die Ermittlung und der Verkauf des WARUM. Dementsprechend sieht auch die Vorbereitung aus. Unser Bausparspezialist hat zwar auch bei diesem Ansatz seine Bausparfinanzierung im Hinterkopf. Aber in erster Linie will er wissen, wie sein Kunde tickt. Wie die psychologische Landkarte aussieht.

Die Vorbereitung des Profilers
Kennt der Profiler seinen Kunden noch nicht, dann wird er sich zuerst die allgemeinen Eckdaten wie Alter, Beruf, Position, Branche, Unternehmen ..., anschauen. Im nächsten Schritt überlegt er sich, was die drei Brandherde seines Kunden sein könnten – und was die entsprechenden Auslöser. Er spielt gedanklich die Problemfindungsphase durch und entwickelt mögliche Emotionsköder. Er bereitet sich auf mögliche Vor- und Einwände vor und plant sein Einwandmanagement.

Wenn Sie immer wieder vor ähnlichen Vor- und Einwänden stehen, haben Sie grundsätzlich zwei Möglichkeiten. Erstens: Sie warten, bis der Einwand kommt, und starten dann mit Ihrem Einwandmanagement. Das Blöde: Sie sind in der Defensive. Die zweite Möglichkeit: Sie nehmen den Einwand vorweg und starten mit Ihrem Einwandmanagement, bevor der Einwand kommt. Das Schöne: Sie sind in der Offensive. Entscheiden Sie selbst.

Ein Profiler geht also entsprechend vorbereitet in das Gespräch. Er findet das WARUM seines Kunden, löscht den Brand und verkauft die Lösung. Die Lösung kann Produkt 1, aber auch Produkt 2 und / oder Produkt 3 sein.

Die Lösung verkaufen!

Im Anschluss an seinen Verkauf vermerkt der Profiler alle relevanten Informationen über den Kunden und seine psychologische Landkarte in der Kundenakte. Holt er diese zu einem anderen Anlass, wie beispielsweise einer Cross-Selling Aktion zum Thema Aktienfonds, wieder raus, weiß er, wo er ansetzen muss. Er weiß, welche Brandherde er ansprechen muss, wo der wunde Punkt seines Kunden ist und was der Aktienfonds „tun muss", damit der Kunde kauft. Im Gegensatz zum klassischen Ansatz geht der Verkaufsprozess nicht von vorne los, sondern wird nur weiter geführt.

. . . .

Eine professionelle Vorbereitung ist die Grundvoraussetzung für einen Profiler.

. . . .

Bereiten Sie sich also zukünftig entsprechend des Profiling-Ansatzes auf Ihre Verkäufe vor. Ergänzen Sie Ihre „Standardinformationen" in der Kundenakte um die eines Profilers:

Profiler wissen mehr!

1. psychologische Landkarte,
2. WARUM,
3. drei Brandherde mit ihren Hauptproblemen beziehungsweise ihren Auslösern.

Profiler-Tool I - III

Profiler-Tool I	**Nutzenmerkmale** ■ Definieren der drei wichtigsten Nutzenmerkmale des Produkts. **Brandherde** ■ Festlegen der drei daraus resultierenden Brandherde. **Auslöser** ■ Definieren der drei Hauptprobleme / Auslöser der Brandherde.	→ Vorlage / Entwicklung Akquiseköder und Elevator Pitch mithilfe der Brandherde und Auslöser.
Profiler-Tool II	**Problemfindungsphase** ■ Informationssammelphase ■ Wo brennt es am meisten? ■ Zeitreise ■ Emotionsköder löscht Brandherd	
Profiler-Tool III	**Vorbereitung** ■ Vom Einwandmanagement zum WARUM	

Wahrheit statt Blabla!

Sagen Sie die Wahrheit
Zum Abschluss des fünften Kapitels möchte ich Ihnen noch einen allgemeinen Tipp geben. Der gilt für jeden Verkäufer – egal, ob Profiler oder nicht.

Kunde: „*Und, was kostet mich das?*"
Verkäufer: „*Ja, wissen Sie, Sie müssen erstmal den Nutzen sehen. Unser Produkt kann bla, bla, bla, und Sie werden sehen bla, bla, bla …*"
Kunde: „*Das ist aber verdammt teuer?*"
Verkäufer: „*Na ja, das kommt darauf an. Je nach bla, bla, bla …*"
Kunde: „*Das heißt: Wenn ich kaufe, bin ich die nächsten zehn Jahre gebunden.*"
Verkäufer: „*Na ja, so können Sie das nicht sehen. Sehen Sie, bla, bla, bla und außerdem haben Sie dann noch bla, bla, bla …*"

Kennen Sie solche Gespräche? Der Kunde stellt uns eine für uns unangenehme Frage – nach dem Preis, der Laufzeitbindung, den Folgen ... Oftmals passiert das am Ende der letzten oder vorletzten Verkaufsphase. Also kurz vor der finalen Unterschrift. Und was machen wir? Wir weichen aus. Wir labern. Wir fallen wieder zurück in die Phase der allgemeinen Nutzenargumentation.

Ich habe in diesem Zusammenhang sämtliche Variationen von verkäuferischer Freiheit erlebt: Wir packen die unangenehmen Botschaften dreimal in Watte. Wir verschweigen. Wir schweigen. Wir beschönigen. Wir labern drumherum. Wir wechseln den Kriegsschauplatz. Wir kommen ins Stottern. Wir schwimmen ... Wir wollen nichts kaputtmachen – und machen damit alles kaputt.

Sagen Sie Ihrem Kunden die Wahrheit. Sagen Sie ihm, wie es ist. Verkaufen heißt, Klartext sprechen!

Eine entsprechende Klartextvariante bezogen auf den Preis wäre: **Klartext!**

Kunde: „*Und, was kostet mich das?*"
Profiler: „*Der Preis ist ...*" RUHE.
Kunde: „*Das ist aber verdammt teuer?*"
Profiler: „*Das ist der Preis. Sie entscheiden, ob es Ihnen das wert ist.*"

Beispiel

Seien Sie selbstbewusst und konsequent. Wenn Sie Ihren Job in den vier Verkaufsphasen AIDAplus richtig gemacht haben, dann ist Ihrem Kunden Ihr Produkt seinen Preis wert. Wenn Sie rumeiern, machen Sie sich und Ihre Dienstleistung unglaubwürdig.

Noch ein Beispiel:

Kunde: „Das heißt: Wenn ich kaufe, bin ich die nächsten zehn Jahre gebunden."
Profiler: „Ja, das ist richtig. Die nächsten zehn Jahre werden Sie mich nicht mehr los!"

Ehrlich, klar und konsequent

Sagen Sie Ihrem Kunden doch, wie es ist. Er hat ein Recht darauf, das zu wisssen. Oft sind wir es, die glauben, unser Kunde kann mit den Konsequenzen des Kaufs, mit dem Preis ... nicht umgehen. Wir deuten seine Fragen als Unsicherheit. Aber vielleicht sind wir es, die unsicher sind.

Stellen Sie sich die Situation mal umgedreht vor. Sie sind Kunde und überlegen sich, ein Kopiergerät zu leasen, fünf Jahre Laufzeit. Sie fragen den Verkäufer:

„Das heißt: Die nächsten fünf Jahre komme ich nicht ohne Verluste aus dem Vertrag raus, oder?"
Verkäufer: „Das können Sie so nicht sehen. Warum sollten Sie denn rauswollen? Und überhaupt, die niedrige Rate, das können Sie sich mit Sicherheit leisten. Und wenn Sie dann noch berücksichtigen, dass bla, bla, bla ..."

Wie viel Vertrauen haben Sie zu so einem Verkäufer? Die alternative Reaktion eines Profilers:

„Das heißt: Die nächsten fünf Jahre komme ich nicht ohne Verluste aus dem Vertrag raus, oder?"
Profiler: „Stimmt."

Kunden wollen nicht belogen werden. Seien Sie ehrlich, klar und konsequent.

Step 6: Bereit sein, den Preis zu bezahlen

- „Vielleicht warte ich lieber noch etwas."
- „Mist, warum hab ich da nicht früher reagiert?"
- „Hätte ich das gewusst ..."
- „Da war der Druck einfach noch nicht groß genug."

Wann ist der richtige Zeitpunkt? Warum handeln wir manchmal und manchmal nicht? Oder zu spät? Haben Sie schon erlebt, dass Sie *eigentlich* ganz genau wussten, was Sie jetzt tun *müssten*, es aber trotzdem nicht getan haben? Sie wussten, dass es *eigentlich* ein guter Plan wäre, zehn neue Kunden zu akquirieren, die Sie so dringend für das nächste Quartal bräuchten, haben aber trotzdem nicht zum Hörer gegriffen? Sie wussten, dass Sie sich diese Schokoladentorte *eigentlich* verkneifen sollten, wenn Sie Ihr Wunschgewicht erreichen wollen, und haben trotzdem zugelangt?

Eigentlich ...

Wie kommt so etwas? Warum sagt uns unser Verstand, also unser Großhirn, was wir *eigentlich* tun sollten, und wir kriegen es einfach nicht umgesetzt? Oder erst, wenn der externe Druck immens groß geworden ist? Oder warum müssen wir uns erst auf die Klappe legen, damit wir merken, dass wir diesen Schmerz zukünftig nicht mehr wollen? Warum fällt es uns manchmal schwer, einfach loszulaufen?

6.1 Angst

Sind Sie bereit? Erinnern Sie sich noch an mein Beispiel mit dem Radrennfahrer aus Kapitel 1? Sind wir bereit, zu trainieren und das Rennen zu fahren, obwohl wir kurz vor der Ziellinie stürzen könnten? Und sind wir bereit, es nochmal zu versuchen, wenn wir gestürzt sind? Wenn ja, wie oft?

Es ist ein Montagmorgen. Kurz nach meinem 23. Geburtstag. Ich sitze am Frühstückstisch und habe die Berliner Zeitung in der Hand. Stellenanzeigen. Ich habe überlegt, was ich mache.

Wie war das bei Ihnen? Wussten Sie, was Sie beruflich machen wollten, als Sie mit der Schule fertig waren? Ich wusste es nicht. Ich hatte mein Abitur in der Tasche, und dann stand ich da: Was jetzt?

Weil ich nicht wusste, was ich machen wollte, habe ich das gemacht, was meine Mutter wollte: Betriebswirtschaftslehre studiert. Zwei Jahre Uni habe ich durchgehalten, und dann habe ich mich entschieden: Ich lass das. Ich höre auf, mir und meiner Mutter was vorzumachen. Die Uni und ich passten einfach nicht zusammen. Und wenn man nicht zusammenpasst, sollte man sich trennen.

So sitze ich dann an besagtem Montagmorgen da und studiere den Berliner Stellenmarkt. An einer Anzeige bleibe ich hängen:

„Berliner Immobilienunternehmen sucht Sie zur Aus- und Weiterbildung. Gerne auch Quereinsteiger. Rufen Sie uns an."

Ich nehme den Hörer in die Hand und bewerbe mich. Am nächsten Freitag ist mein Vorstellungstermin. Kurz vor neun parke ich auf dem Büroparkplatz. Ich fuhr damals mein erstes eigenes Auto, einen 2er-Golf, über 12 Jahre alt. Ich habe ihn geliebt. Ich steige aus meinem Prachtstück aus und gehe Richtung Büroeingang. Ich habe keine Ahnung, was jetzt auf mich zukommt, was genau man in einem Immobilienunternehmen macht und was man von mir erwartet.

Völlig in Gedanken laufe ich so vor mich hin. Mit einem Mal bekomme ich mit, was um mich herum ist. Auf dem Büroparkplatz, rechts und links von mir: BMW, Daimler, Maserati, Ferrari, Porsche – Cabrios, die ich noch nie gesehen habe. Ich bleibe vor dem Porsche stehen. Ein blaues 911er Cabrio, innen creme. Das war mein Traumwagen. Dann sehe ich das Kennzeichen: B - KP, die Zahlen habe ich vergessen. Berlin – Katja Porsch. Ich denke: „Wie geil, dein Auto steht auch schon hier!"

Kurze Zeit später sitze ich ihm gegenüber – meinem zukünftigen Chef. Er mustert mich. Sein Blick geht von oben nach unten und wieder zurück. Er sagt erst nichts. Guckt nur. Leicht spöttisch. Mir ist mulmig. Dann: „Frauen. Wissen Sie, eine Frau hat es in meinem Unternehmen noch nie geschafft. Schon gar nicht im Verkauf. Vergessen Sie's. Da ist die Tür."

Ich bleibe sitzen. Er sagt: „Wie? Sie wollen es versuchen?" Ich antworte: „Ja!" Er meint: „Warum?" Und ich: „Mein Auto steht da unten."

„Dir werde ich es zeigen, ich schaffe es!" Das war mein zweiter Gedanke. Den habe ich für mich behalten. Das war mein Einstieg im Vertrieb.

Ich kannte mein Ziel, ich wusste, was ich wollte, und war bereit. Ich bin auf die Piste gegangen. Ich wollte das Rennen fahren. Auf der Zielgeraden: mein blauer Porsche und das bedröppelte Gesicht meines Chefs, der erkennen musste, dass ich der erfolgreichste Verkäufer seines Unternehmens geworden bin.

Das Rennen fahren!

Meine ersten fünf Tage verbrachte ich damit, morgens ins Büro zu fahren, mich an meinen Schreibtisch zu setzen und mein Telefon zu hypnotisieren. Das, was ich eigentlich hätte tun sollen: Kaltakquise. Den Hörer in die Hand nehmen und mit Max Mustermann aus der Mustermanngasse einen Termin für eine Immobilienanalyse vereinbaren. Aber ich konnte nicht. Allein die Vorstellung, fremde Menschen anzurufen, um einen Termin bei ihnen zu Hause zu vereinbaren, versetzte mich in blanke Panik.

Mein Verstand hat mir gesagt, was ich *eigentlich* tun sollte. Aber ich kriegte es nicht umgesetzt.

Blanke Panik!

Ich starrte fünf Tage lang auf mein Telefon, blätterte das Telefonbuch durch. Ich überlegte mir, welcher Name sich sympathisch anhörte, und lernte den Leitfaden auswendig. Am fünften Tag ging meine Bürotür auf. Mein Chef stand vor mir: „Und Frau Porsch, wie viele Termine haben Sie?"

Wumms, da lag ich das erste Mal auf dem Boden: „Noch keinen, bis jetzt." Er: „Schade!" Und wieder dieses spöttische Grinsen: „Ich gebe Ihnen noch drei Tage. Wenn Sie in drei Tagen keine fünfzehn Termin haben, dann sind Sie draußen." Er lächelte mich an, drehte sich um und verließ mein Büro.

Wumms, da lag ich das zweite Mal. Keine Ahnung, wie lange ich auf diese blöde Bürotür gestarrt habe. Plötzlich kam meine Panik. Meine Panik, aus dem Unternehmen rauszufliegen. Meine Panik, meine Ziele nicht erreicht zu haben. Meine Panik, mir eingestehen zu müssen, dass ich versagt habe. Und ich sah das Gesicht meines Chefs, wie er vor mir steht, spöttisch lächelt und sagt: „Sehen Sie, ich hab's Ihnen gleich gesagt. Frauen schaffen es einfach nicht!"

Übung 6.1:

Wann standen Sie das letzte Mal vor einer Aufgabe oder einer Herausforderung, bei der Sie dachten: *„Ich schaffe das nicht!"* Reflektieren Sie Ihre Gedanken und Gefühle. Warum dachten Sie, dass Sie es nicht schaffen? Was haben Sie gemacht? Haben Sie aufgegeben oder haben Sie gekämpft? Warum?

_____

_____

_____

_____

Meine Angst zu versagen war mit einem Mal größer als meine Angst vor diesem Telefon. Die Folge: Ich habe nicht mehr nachgedacht, sondern ich bin losgelaufen. Ich habe nicht mehr nachgedacht, ob ich es kann, ob ich einen Termin bekomme oder eine Abfuhr. Ich habe es einfach getan. Ich habe den Hörer in die Hand genommen und ich habe telefoniert. Ich bin losgelaufen. In meinem Gepäck waren das Berliner Telefonbuch, ein Leitfaden und eine Einwandbehandlung. Das hat gereicht. Ich bin also losgelaufen mit 3,4 Millionen Menschen, die darauf gewartet haben, dass ich mich bei ihnen melde. Unser Fokus entscheidet.

Einfach loslaufen!

Drei Tage später. Mein Chef kommt in mein Büro. Ich habe keine 15 Termine, ich habe 17. Ich bin im Ziel!

Das war mein Start im Vertrieb. Was wäre jetzt gewesen, wenn mein Chef mir damals die Pistole nicht so sehr auf die Brust gesetzt hätte? Wenn er mich nicht so sehr unter Druck gesetzt hätte?

Wahrscheinlich hätte ich mein Ziel nicht erreicht. Wahrscheinlich hätte ich gedacht, ich kann es einfach nicht, und wäre aus dem Büro geflogen. Wahrscheinlich wäre ich nie Verkäufer geworden. Wahrscheinlich wäre ich auch nie Verkaufstrainer geworden und wahrscheinlich hätte es auch dieses Buch nie gegeben. Und warum? Wegen eines blöden Telefons. Weil meine Angst vor dem Scheitern größer war als der Wunsch, einen Termin zu bekommen. Als der Wunsch, ins Ziel zu kommen. Weil mein Großhirn mir gesagt hat, was ich *eigentlich* tun müsste, ich es aber nicht tun konnte. Weil ich nicht bereit war, den Preis zu bezahlen. Oder besser: Weil ich *in diesem Moment, in diesen fünf Tagen* nicht bereit war, den Preis zu bezahlen.

Mir waren die Konsequenzen meines Handelns beziehungsweise Nichthandelns nicht bewusst. Bis mein Chef kam. Er hat mir keine neuen Ziele gegeben. Er hat mir meine Ziele nur bewusst gemacht. Er hat auf meiner psychologischen Landkarte den Schmerz-Knopf gedrückt, und plötzlich bin ich losgelaufen.

Der Schmerz-Knopf

Aber: Müssen wir wirklich warten, bis ein anderer bei uns den richtigen Knopf drückt, damit wir loslaufen? Brauchen wir andere, um uns bewusst zu machen, was wir wollen und welche Konsequenzen unser Handeln oder Nichthandeln hat? Schaffen wir das nicht auch selbst? Steuern wir oder lassen wir uns steuern?

Die entscheidende Frage ist: Sind wir wirklich bereit, den Preis zu bezahlen? Sind wir wirklich bereit, auf die Piste zu gehen und das Rennen zu fahren, obwohl wir vor der Ziellinie stürzen könnten?

6.2 Wann wir bereit sind, den Preis zu bezahlen

Haben Sie sich schon mal gefragt: *„Warum tue ich mir das eigentlich an?"* Vielleicht, als Sie sich plötzlich nach Feierabend bei der Planung Ihres Firmenjubiläums wiedergefunden haben, um das sich keiner Ihrer Kollegen kümmern wollte. Und Sie haben sich auch noch freiwillig gemeldet. Oder, als Sie sich morgens um sieben im Fitnessstudio beim Start Ihres neuen Trainingsprogramms gefragt haben: *„Was mache ich hier eigentlich?"*

Konsequenzen zeigen! Als ich vor meinem Telefon saß, habe ich mir diese Frage gestellt. Nicht nur einmal. Und je länger ich in dieser Situation war, desto mehr rückten meine Ziele, der blaue Porsche und der Wunsch, es meinem Chef zu zeigen, in den Hintergrund. Und desto mehr rückte meine Angst vor einer Abfuhr in den Vordergrund. Meine Prioritäten haben sich verschoben. Ich habe es nicht gemerkt. Mein Ziel in der Zukunft wurde von den Herausforderungen im Hier und Jetzt verdrängt. Bis mein Chef kam. Er hielt mir die Konsequenzen klar vor Augen. Er holte die Zukunft in die Gegenwart. Mein Fokus änderte sich, und plötzlich lief ich los.

Wenn etwas schwer wird, verschieben sich unsere Prioritäten. Unser Ziel in der Zukunft wird von den Herausforderungen im Hier und Jetzt in den Hintergrund gedrängt.

Haben Sie schon mal eine Diät gemacht? Falls Sie zur glücklichen Gattung gehören, die sich diesem Kreislauf bisher entziehen konnte, lassen Sie mich Ihnen kurz das Prinzip erklären: Sie haben eine Wunschvorstellung in der Zukunft, die Verzicht in der Gegenwart bedeutet. Sie essen den ganzen Tag Dinge, auf die Sie nicht wirklich Lust haben. Wenn Sie überhaupt essen. Sie sind ständig mit der Nahrungssuche beschäftigt, und vor Ihrem inneren Auge kreisen die Dinge, die Sie nicht essen dürfen. Klar, dass man da schlechte Laune kriegen muss, oder? Aber egal, wir tun uns das an. Schließlich haben wir ja ein Ziel: Wir wollen fünf Kilo abnehmen. Je schwerer uns das Abnehmen fällt, und auf je mehr Dinge wir verzichten müssen, desto mehr können unser Ziel und unser Wunsch in den Hintergrund rücken.

Freude in der Zukunft – Schmerz in der Gegenwart. Vielleicht halten wir vier Wochen lang durch. Wir schaffen es vier Wochen lang, jeden Morgen am Bäcker vorbeizulaufen und das Schokocroissant zu ignorieren. Doch: Am 32. Tag schlagen wir zu. Das Schokocroissant hat gesiegt. Wir schmeißen das Handtuch. Wir waren nicht bereit, den Preis zu bezahlen.

Warum geben wir auf?

Was glauben Sie? Hätten wir auch so gehandelt, wenn man uns in dem Moment, als wir das Croissant kaufen wollten, ein Bild von uns vor die Nase gehalten hätte – wir fünf Kilo leichter? Oder ein Bild, auf dem wir noch fünf Kilo mehr auf den Rippen haben? Wahrscheinlich nicht, oder?

Warum also werfen wir im einen Fall das Handtuch und im anderen nicht? Warum sind wir in manchen Situationen bereit, den Preis zu bezahlen? Und in anderen nicht?

6.2 Wann wir bereit sind, den Preis zu bezahlen

1. Wir brauchen den richtigen Köder – unseren Emotionsköder.
2. Wir müssen uns bewusst werden, was uns antreibt oder abhält.

Wollen wir oder sollen wir?

Ursachen-forschung

Was könnte eine typische Erklärung von jemandem sein, der nach vier Wochen Diät das Handtuch wirft? Sagt er: *„Ich hab es einfach nicht durchgehalten, meine Gier war größer."* Oder eher: *„Die Methode war Mist. Low-Carb funktioniert einfach nicht. Ich probiere es mit FdH."*

Klar, es lag nicht an uns. Wir suchen den Rollsplitt. Bringt uns das weiter? Vielleicht wäre es sinnvoller, wir würden uns die Frage stellen: *Wollen wir wirklich abnehmen?* Vielleicht wäre es noch sinnvoller, wir würden uns die Frage stellen: *Warum wollen wir eigentlich abnehmen?* Vielleicht wäre es am sinnvollsten, wir würden uns die Frage stellen: *Wollen wir wirklich abnehmen oder erklären wir uns nur rational, dass es ein cooler Plan wäre*, wenn wir fünf Kilo weniger wiegen würden? Oder machen wir das nur, weil unser Partner uns beim letzten Shopping-Trip gesagt hat: *„Schatz, probier lieber die Nummer größer."*?

Auf den Verkauf übertragen:
- Wollen wir wirklich zum Telefonhörer greifen und zehn neue Kunden akquirieren? Oder erklären wir uns nur rational, dass wir das jetzt wollen, weil unser Umsatz zurückgegangen ist oder wir Druck von unserem Chef bekommen haben?
- Wollen wir wirklich diese neue Position als Vertriebschef? Oder erklären wir uns nur rational, dass wir das wollen, weil es super für unsere Karriere ist? Oder haben wir Angst, dass wir von unserem Partner eins auf den Deckel kriegen, wenn wir die Chance nicht wahrnehmen?

Wollen Sie ins Ziel?

Die beiden entscheidenden Fragen sind:
- Wollen wir etwas wirklich tun, oder erklären wir uns nur rational, dass wir das jetzt tun soll(t)en?
- Wollen wir etwas wirklich tun, oder machen wir das nur, weil uns irgendjemand oder irgendetwas unter Druck setzt?

Erklären wir uns rational, was wir tun soll(t)en, sind wir im *Großhirn*: Wir wissen, was zu tun wäre, kriegen es aber nicht umgesetzt. Setzt uns irgendjemand oder irgendetwas unter Druck, sind wir im *Stammhirn*: Wir wollen nicht handeln, müssen aber. Im Großhirn suchen wir nach der neuen Diätmethode; im Stammhirn verfallen wir der Fressattacke. Stimmen Sie mir zu, dass beides keine idealen Voraussetzungen sind, um auf die Piste zu gehen, das Rennen zu fahren und ins Ziel zu kommen?

Im ersten Kapitel haben wir uns damit befasst, welche Auswirkungen es hat, wenn wir immer wieder vor der Ziellinie stürzen. Wir weichen aus und gehen nicht oder so selten wie möglich auf die Piste (Stammhirn). Oder wir erklären uns, dass es ja nicht an uns lag, dass wir gestürzt sind (Großhirn). Beides bringt uns nicht als Sieger ins Ziel.

Wir sind nur dann bereit, den Preis zu bezahlen, wenn wir das, was wir tun, auch wirklich *wollen*. Ich wusste, ich *sollte* telefonieren, aber ich *wollte* nicht. Wir müssen wissen, was uns antreibt. Wir müssen unseren Emotionsköder kennen – und nicht nur den unserer Kunden. Nur wenn unser Köder größer ist als das, was uns abhält, laufen wir los.

Übung 6.2:

Schauen Sie sich Ihre Antworten zu Übung 6.1 unter folgenden Gesichtspunkten noch einmal an:
- Waren Sie bereit, den Preis zu bezahlen?
- Was war der Preis?
- Wollten Sie damals wirklich handeln? Oder haben Sie sich nur rational erklärt, dass Sie jetzt handeln soll(t)en?
- Hat Sie irgendjemand oder irgendetwas unter Druck gesetzt?
- Was war Ihr Emotionsköder?

Wir müssen ins Ziel kommen wollen und nicht sollen.

Die Skala

0% → 100%

Was ist der Output? Stellen Sie sich vor, diese Skala stellt Ihre Leistungsbereitschaft dar. 0 ist Nulleinsatz; 100 ist maximale Leistungsbereitschaft. Übrigens: Ich rede nicht von Zeiteinsatz, sondern von Leistung. Ich rede also nicht davon, dass wir morgens um 8 Uhr unser Büro betreten und abends um 22 Uhr völlig fertig nach Hause kommen – upgedatet, was den gerade geänderten Beziehungsstatus unserer Freunde bei Facebook und die neuen Gruppenaktivitäten bei Xing betrifft. Leistung bedeutet für mich: Ein produktives Ergebnis zu erzielen.

Schauen wir uns Tiger Woods an, den erfolgreichsten Golfspieler aller Zeiten. Okay, er hat noch mit anderen Aktivitäten die Boulevardblätter gefüllt. Aber lassen wir das. Berichten zufolge trainiert Tiger Woods jeden Tag zwischen 8 und 9 Stunden. Er schlägt jeden Tag zwischen 200 und 400 Bälle über den Rasen. Tiger Woods *kann* Golf spielen. Er *kann* es und schlägt die Bälle trotzdem. Er kann seinen Job und ist trotzdem bereit, hart zu trainieren. Er ist bereit, jeden Tag auf die Piste zu gehen und das Rennen zu fahren, obwohl er weiß, dass er kurz vor der Ziellinie stürzen könnte. Wenn er stürzt, steht er auf und macht weiter. Er ist bereit, den Preis zu bezahlen.

Wie ist das bei uns? Wie viele Stunden am Tag trainieren wir? Ich gehe davon aus, wir beherrschen unseren Job. Aber sind wir auch bereit, jeden Tag zu trainieren? Überlegen Sie mal, wann Sie sich das letzte Mal Ihren Kollegen oder Ihren Partner geschnappt haben, um Basics wie Einwandbehandlung, Fragetechnik oder Gesprächseröffnungen zu trainieren.

Sind Sie bereit?

Die Frage ist: Sind wir bereit, unser Bestes zu geben? Wollen wir an die Spitze oder reicht es uns, ein bisschen mitzufahren? Wollen wir wirklich ins Ziel oder reicht es uns zu sagen: „*Ich war dabei!*"?

Zurück zu unserer Leistungsskala von 0 bis 100. Legen Sie diese Skala gedanklich über Ihr letztes Jahr. Wo ordnen Sie sich ein? Stellen Sie sich vor, Tiger Woods ist bei 100. Wo sehen Sie sich?

Falls Sie jetzt denken: „*Super, Tiger Woods, das kann ich doch gar nicht mit mir vergleichen.*" Warum denn nicht? Geht es Ihnen nicht auch darum, ins Ziel zu kommen und der Champion Ihres Lebens zu sein? Vielleicht haben Sie nur ein anderes Ziel. Wenn Sie mögen, ersetzen Sie Tiger Woods durch irgendeinen anderen erfolgreichen Menschen, der Ihnen spontan einfällt. Erfolgreiche Menschen sind bereit, zu trainieren und 100% zu geben. Sie sind bereit, den Preis zu bezahlen?

Wir müssen bereit sein, zu trainieren und unser Bestes zu geben.

Wenn uns 50% vorkommen wie 150%

Sie müssen es wollen!

Hätte man mich damals gefragt, wo ich mich auf der Leistungsskala einordne, wäre meine Antwort gewesen: „*Bei 100 % – Tendenz steigend!*" Mit „*damals*" meine ich die Zeit, als mir meine Firma und meine Existenz um die Ohren geflogen sind. Ich war davon überzeugt, ich gebe Vollgas. Ich dachte, mehr geht nicht.

Heute weiß ich, es waren vielleicht gerade mal 50% meiner Leistung, die ich gegeben habe. Es kam mir nur so vor wie 150%. Aus einem einzigen Grund: Weil ich das, was ich getan habe, nicht wirklich tun wollte. Ich dachte, ich muss handeln. Ich dachte, ich muss kämpfen. Ich dachte, ich muss durchhalten. Ich dachte, das macht man halt so. Das wird von mir erwartet.

Und hier liegt der Fallstrick: In dem Moment, in dem wir etwas müssen, in dem wir uns rational erklären, dass wir dieses oder jenes jetzt tun sollten, wird es schwer. In dem Moment kommen uns 50 % vor wie 150 %. In dem Moment erscheint uns alles anstrengend. Dann kommen uns die fünf Kilo, die wir abnehmen sollen, oder die zehn Neukunden, die wir akquirieren müssen, vor wie die Besteigung des Mount Everest.

Wir müssen es also schaffen, aus dem „Sollen" ein „Wollen" zu machen. Dafür müssen wir allerdings wissen, was wir *wirklich* wollen.

Unser WARUM
Haben Sie sich schon einmal gefragt:

- *„Warum stehe ich jeden Morgen auf?"*
- *„Warum bin ich Verkäufer?"*
- *„Warum verkaufe ich mein Produkt und kein anderes?"*
- *„Warum bin ich bei meinem Unternehmen und nicht bei der Konkurrenz?"*

Machen Sie das, was Sie tun, weil Sie es wirklich wollen? Oder machen Sie es, weil Sie es sollen oder müssen? Oder weil es sich halt so ergeben hat?

Alles nur für Geld? Können Sie sich vorstellen, was häufig die Antwort meiner Seminarteilnehmer ist, wenn ich sie frage, warum sie das tun, was sie tun?

- *„Um Geld zu verdienen. Ich muss meine Familie ernähren."*
- *„Mit irgendetwas muss ich ja mein Geld verdienen."*
- *„Da muss ich erst einmal drüber nachdenken."*
- ...

Ist es wirklich das Geld, das uns antreibt? Ist das der wahre Treiber?

Step 6: Bereit sein, den Preis zu bezahlen

Damit wir uns richtig verstehen: Ich mag Geld. Ich stehe auf tolle Autos. Ich stehe auf schöne Schuhe. Und ja, ich bin davon überzeugt: Man kann nie genug Geld haben. Aber es ist nicht das, was mich antreibt. Oder richtiger: Es ist *nicht mehr* das, was mich antreibt. Bei meinem Crash war Geld mein größter Treiber. Ich wollte es nicht verlieren. Ich wollte nicht eines Morgens ohne diese bunt bedruckten Blätter dastehen. Das Ergebnis: Eines Morgens wachte ich auf und musste mir eingestehen: „*Ich bin pleite!*"

Mein Befreiungsschlag. Von dem Moment an konnte ich mich endlich wieder damit befassen, was mich wirklich antreibt. Ich konnte mich damit befassen, was ich wirklich machen will und warum. Ich war endlich wieder selbstbestimmt und nicht mehr fremdbestimmt. Ich wusste wieder, warum ich morgens aufstehe. Und plötzlich kam der Erfolg. Und plötzlich kam das Geld. Das Geld war das Ergebnis, nicht die Ursache.

Der Befreiungsschlag!

Wo sitzt eigentlich Geld auf unserer psychologischen Landkarte? Die Antwort hängt davon ab, ob wir eher Angst haben, es zu verlieren (Schmerz), oder ob wir sehr viel tun, um es zu gewinnen (Freude). Wo auch immer es sitzt, wir müssen zuerst unser WARUM hinter dem Geld herausbekommen. Was treibt uns wirklich an? Was ist unser Emotionsköder?

Machen Sie Ihren Job hauptsächlich für das WAS und das WIE, weil Sie einen sicheren Arbeitsplatz haben, weil Ihr Gehalt pünktlich kommt, weil Ihre Branche krisensicher ist ..., dann machen Sie es sich selber schwer. Zumindest, wenn Sie dauerhaft erfolgreich sein und an die Spitze wollen.

Meinen Sie, Tiger Woods würde auf die Frage, was ihn antreibt, sagen: „*Geld!*"? Oder meinen Sie, ein paar bunt bedruckte Fetzen Papier sind der Grund, warum Steve Jobs so erfolgreich wurde? Warum er immer wieder aufgestanden ist und bereit war, den Preis für seinen Erfolg zu bezahlen?

Wahrscheinlich nicht. Ich bin überzeugt: Erfolgreiche und glückliche Menschen lieben das, was sie tun. Deshalb sind sie bereit, auch den Preis zu bezahlen.

Bock auf den Job! Lieben Sie das, was Sie tun? Was sind Ihre Antworten auf folgende Fragen: *„Bin ich glücklich, wenn ich morgens mein Büro betrete? Wenn ich mit meinem Kunden am Tisch sitze und um den Abschluss kämpfe, ist es das, was ich wirklich will? Und: Wenn ich morgens die Augen aufmache und mich umdrehe, liegt da der Mensch, den ich sehen will?"*

Übung 6.3:

Warum lieben Sie Ihren Job? Notieren Sie die ersten drei Gründe, die Ihnen einfallen. Ist Ihnen „lieben" zu pathetisch, ersetzen Sie es durch „wollen", „mögen" ...

_____

_____

_____

Warum lieben Sie Ihr Unternehmen? Notieren Sie die ersten drei Gründe, die Ihnen einfallen:

_____

_____

_____

Warum lieben Sie Ihren Partner? Notieren Sie die ersten drei Gründe, die Ihnen einfallen:

_____

_____

_____

Wir müssen unseren Emotionsköder kennen, unseren Schokomuffin.

Wir müssen das lieben, was wir tun!

Aber: Warum reicht es manchmal nicht aus, etwas zu wollen oder sogar zu lieben? Warum habe ich damals nicht zum Telefonhörer gegriffen und akquiriert, sondern gewartet? Ich wusste doch, was ich wollte.

6.3 Wie wir unser Ziel erreichen

„Jeden Morgen erwacht in Afrika eine Gazelle mit dem Wissen, dass sie dem schnellsten Löwen entkommen muss, damit sie nicht getötet wird. Jeden Morgen erwacht in Afrika ein Löwe mit dem Wissen, dass er schneller sein muss als die langsamste Gazelle, damit er nicht verhungert. Ganz gleich ob du Gazelle oder Löwe bist: Bevor die Sonne aufgeht, wärst du besser schon losgerannt."

MUHAMMAD IBN RASCHID AL MAKTUM

Wie ist das bei Ihnen? Rennen Sie los, wenn morgens die Sonne aufgeht? Sind Sie der Löwe oder sind Sie die Gazelle? Fressen Sie oder werden Sie gefressen? Wir müssen uns entscheiden, ob wir Löwe oder Gazelle sein wollen. Ob wir Jäger sind oder Gejagter. Wir müssen wissen, wohin wir laufen und wovon wir weglaufen. Und wir müssen wissen, WARUM wir laufen. Was uns antreibt.

Löwe oder Gazelle?

Als Profiler müssen wir nicht nur die psychologische Landkarte unserer Kunden kennen, sondern auch unsere eigene. Das Schöne ist: Es gelten dieselben Wirkungsmechanismen!

Die beiden Eckpfeiler unserer psychologischen Landkarte sind Schmerz und Freude. Wir bewegen uns von etwas weg und / oder auf etwas zu. Um unsere Ziele zu erreichen, müssen wir unsere Motive, Ängste, Risiken und Ziele kennen, unsere MÄRZ-Formel. Wir müssen wissen, was uns abhält und was uns antreibt. Und wir müssen unseren Haupttreiber, unser WARUM kennen.

Bei meinem Crash wusste ich, was ich nicht wollte. Meine „Weg-von-Motivation" war klar. Das Problem: Ich wusste nicht, wohin ich wollte. Und: Ich kannte mein WARUM nicht. Die Folge: Ich bin gescheitert.

Als ich in den ersten fünf Tagen meiner Vertriebszeit vor meinem Telefon saß, wusste ich, wohin ich wollte. Und: Ich kannte mein WARUM. Meine „Hin-zu-Motivation" war klar. Das Problem: Ich wusste nicht, wovon ich weg wollte. Die Folge: Ich bin gescheitert.

In beiden Situationen war ich nicht bereit, den Preis zu bezahlen. Die Gründe waren unterschiedlich, aber die Folgen waren identisch: Ich habe mein Ziel nicht aus eigener Kraft erreicht. Ich bin vor der Ziellinie gestürzt. Ich war nicht bereit, das Rennen zu fahren.

Wann sind wir bereit, den Preis zu bezahlen?
Drei Voraussetzungen entscheiden darüber, ob wir bereit sind, den Preis zu bezahlen oder auch nicht:

1. Wir müssen *unsere psychologische Landkarte und unser WARUM* kennen.
2. Wir müssen wissen, wovon wir WEGwollen.
3. Wir müssen wissen, wo wir HINwollen.

Ad 1: Entwickeln Sie Ihre psychologische Landkarte
- Schritt 1: Entwickeln Sie Ihre MÄRZ-Formel. Achten Sie auf Ihr Bild und auf Ihre Emotionen hinter Ihren vier Haupttreibern.
- Schritt 2: Überlegen Sie: Was ist Ihr WARUM, Ihr stärkster Treiber? Was ist das, was Sie wirklich wollen? Warum stehen Sie morgens auf?

Wenn Sie nicht hungrig sind, wenn Sie nicht wissen, was Sie antreibt, warum sollten Sie loslaufen?

Ad 2: Wovon wollen Sie weg?
Sie kennen Ihr WARUM. Im nächsten Schritt geht es darum, herauszubekommen, wovon Sie wegwollen. Was ist Ihre „Weg-von-Motivation", die Sie in Bewegung setzt? Was soll auf gar keinen Fall passieren?

Nehmen wir nochmal mein Telefonbeispiel. Mein WARUM war klar: Anerkennung. Das war mein stärkster Treiber. Mein Ziel auch: Ich wollte es meinem Chef zeigen. Ich wollte mir beweisen, dass ich es schaffe. Ich wollte der erfolgreichste Immobilienverkäufer in diesem Unternehmen werden. Mein Freude-Knopf war gedrückt, nicht aber mein Schmerz-Knopf. Den musste erst mein Chef drücken.

Beispiel

Wenn wir darauf warten, dass ein anderer bei uns den richtigen Knopf drückt, bringen wir uns in die Opferrolle. Wir warten so lange, bis irgendwann der Löwe um die Ecke biegt und wir loslaufen müssen. Warum drücken wir den Knopf nicht einfach selbst?

Den Knopf drücken!

Dabei hilft uns ein Werkzeug, das wir schon von unseren Kunden kennen: die *Zeitreise als Verstärker*. Mein Chef musste mich erst vor die Konsequenzen meines Handelns stellen, damit ich loslaufe. Stellen wir uns doch selbst vor diese Konsequenzen. Stellen wir uns doch vor, der Löwe wäre schon da. Heute und jetzt. Und warten wir nicht darauf, dass er irgendwann um die Ecke biegt. Dabei helfen Ihnen zwei Fragen.

Die zwei Fragen
Die erste Frage, die Sie sich stellen können, ist:
- *„Was ist die schlimmste Konsequenz, die ich mir vorstellen kann, wenn ich so weitermache wie bisher?"*

Die zweite Frage ist:
- *„Was wäre, wenn diese Situation morgen da wäre?"*

Jetzt gibt es zwei Möglichkeiten:

a) *Sie akzeptieren es.* Es mag zwar nicht schön sein, was Sie da sehen, aber es ist okay. Sie nehmen es in Kauf. Wenn jetzt der Löwe um die Ecke biegt, sind Sie wenigstens vorbereitet. Sie haben ihn erwartet.

Hätte ich mir bei meinem Crash die zwei Fragen gestellt, wäre mir klar geworden, dass die Folgen gar nicht so schlimm sind. Ich wäre nicht vor etwas weggelaufen, dem ich mich besser gestellt hätte.

b) *Sie akzeptieren es nicht.* Das, was Sie jetzt vor Ihrem inneren Auge sehen, ist so furchtbar, schlimm und grauenhaft, dass Sie alles wollen – bloß das nicht! Können Sie sich vorstellen, dass Sie plötzlich bereit sind, den Preis zu bezahlen? Dass das, was Sie bis jetzt abgehalten hat, lange nicht so schlimm ist wie das, was passieren wird, wenn Sie nicht handeln? Und plötzlich laufen Sie los. Nicht weil Sie es *sollen*, sondern weil Sie es *wollen*.

Ad 3: Wo wollen Sie hin?
Sie sind hungrig. Sie wissen, wovon Sie wegwollen. Aber wo wollen Sie hin? Wenn Sie nicht wissen, wem Sie nachjagen, wie wollen Sie Ihre Beute finden? Definieren Sie Ihr Ziel: Wo wollen Sie hin? Was steht am Ende Ihres Rennens? Und wie fühlt es sich an, wenn Sie die Ziellinie überqueren?

Nutzen Sie wieder die Zeitreise als Verstärker. Stellen Sie sich vor, Sie hätten Ihr Ziel morgen erreicht. Wie würden Sie sich fühlen? Holen Sie sich das Bild und die dazugehörige Emotion in die Gegenwart. Machen Sie sich Ihr Ziel bewusst und laufen Sie los. Setzt Sie das, was Sie sehen oder fühlen, nicht in Bewegung, dann überdenken Sie Ihre psychologische Landkarte. Sind das wirklich Ihre vier Haupttreiber, die Sie mithilfe der MÄRZ-Formel entwickelt haben? Befriedigt Ihr Ziel wirklich Ihr WARUM? Wenn ja, drücken Sie Ihren Freude-Knopf. Wenn nein, gehen Sie zurück zum ersten Schritt und finden Sie heraus, was Sie wirklich wollen.

Ihr Verstärker!

Übung 6.4:

Nehmen Sie eine große Herausforderung, vor der Sie gerade stehen. Schaffen Sie die drei Voraussetzungen, damit Sie bereit sind, den Preis für diese Herausforderung zu bezahlen:

1. Schritt: Definieren Sie Ihr Ziel oder Ihre Herausforderung. Entwickeln Sie Ihre psychologische Landkarte:

6.3 Wie wir unser Ziel erreichen

2. Schritt: Entwickeln Sie Ihre MÄRZ-Formel. Finden Sie Ihre vier Haupttreiber:

M: _____

Ä: _____

R: _____

Z: _____

Was ist Ihr WARUM, Ihr stärkster Treiber?

_____

3. Schritt: Wovon wollen Sie weg?

1. Was ist die schlimmste Konsequenz, die Sie sich vorstellen können, wenn Sie so weitermachen wie bisher?

_____

2. Was wäre, wenn diese Situation morgen eintreten würde?

Akzeptieren Sie die Konsequenz?
a) ja
b) nein

4. Schritt: Wo wollen Sie hin? Definieren Sie Ihr Ziel:

_____

5. Schritt: Stellen Sie sich vor, Sie hätten Ihr Ziel morgen erreicht. Wie würden Sie sich fühlen?

_____

6.4 Jetzt!

Sie haben jetzt alle Werkzeuge an der Hand, die Sie als Profiler brauchen. Nun liegt es an Ihnen:

Es liegt an Ihnen!

- Sind Sie bereit, den Preis für Ihren Erfolg als Profiler zu bezahlen?
- Sind Sie bereit, die volle Verantwortung dafür zu übernehmen, ob Ihr Kunde kauft oder nicht?
- Sind Sie bereit, das Rennen zu fahren, auch wenn Sie kurz vor der Ziellinie stürzen könnten?
- Sind Sie bereit, die Opferrolle zu verlassen?
- Sind Sie bereit, den Rollsplitt aus Ihrem Leben zu verdammen?
- Sind Sie bereit, als Profiler Ihren Erfolg selbst zu bestimmen und zu verantworten?

Wenn Sie bereit sind, dann starten Sie jetzt! Jede Minute, die Sie warten, ist Futter für den Wettbewerb. Einen letzten Tipp gebe ich Ihnen noch mit auf den Weg:

Nehmen Sie ein weißes Blatt Papier zur Hand. Malen Sie jetzt quer auf das Blatt ein großes Ausrufezeichen. In die Ecke links oben zeichnen Sie ein „h" und ein „a", rechts oben ein „e" und ein „r", links unten ein „i" und ein „j" und zum Schluss rechts unten ein kleines „ä" und ein „g". Das war's.
Vielen Dank!

Falls Sie sich jetzt fragen: Was soll das denn jetzt? Ich wollte Ihnen damit etwas zeigen. Ich wollte Ihnen zeigen: Wir Menschen haben die Tendenz, das zu tun, was man uns sagt.

Das heißt: Wenn Sie wollen, dass Ihr Kunde unterschreibt, dann sagen Sie ihm auch, was er zu tun hat.

Wenn nicht Sie, wer dann?

TUN SIE ES!

Die Autorin

Katja Porsch startete ihre Verkaufskarriere bei einem Immobilienvertrieb im Außendienst mit der Kaltakquise. Sie gehörte zu den Top-Closern und hatte sensationelle Quoten. Sie hat erfahren, was maximaler Erfolg bedeutet. Sie weiß aber auch, was es heißt, schwere Niederlagen einstecken zu müssen. Sie weiß, was es bedeutet, im Haifischbecken zu überleben. Sie hat erkannt, wie wichtig es ist, Verantwortung zu übernehmen, die Opferrolle zu verlassen und sich nicht jagen zu lassen.

In ihren Vorträgen und Seminaren gibt Katja Porsch ihr Wissen und ihre Erfahrungen weiter. Sie berichtet, wie man rauskommt aus diesem Haifischbecken und wie man zum Haijäger wird. Sie gibt Einblick in die psychologische Welt der Top-Closer und öffnet ihren Werkzeugkasten.

Getreu ihres Mottos: „Gewonnen wird am Schluss!" geht es Katja Porsch vor allem darum, ins Ziel zu kommen, den Sack auch zuzumachen. Katja Porsch zeigt, wie man zum Profiler seiner Kunden wird. Sie erklärt, wie Verkäufer lernen, ihre Kunden zu lesen und zu lenken und sie so – unabhängig von Preis- und Konkurrenzkampf – ins Ziel, zum Abschluss führen.

Literatur

Tony Allessandra, Michael J. O'Connor, *Die Platin-Regel: Vom erfolgreichen Umgang mit Geschäftspartnern, Kollegen, Vorgesetzten und Mitarbeitern*, Campus Verlag, Frankfurt am Main 1997.

Martin Betschart, *Ich weiß, wie du tickst: Wie man Menschen durchschaut*, Deutscher Taschenbuch Verlag, München 2012.

Frank Bettger, Dale Carnegie, *Lebe begeistert und gewinne!*, Oesch, Zürich 2011.

Peter Brandl, *Hudson River: Die Kunst, schwere Entscheidungen zu treffen*, GABAL Verlag, Offenbach 2013.

Dale Carnegy, *Sorge dich nicht – lebe!*, FISCHER Taschenbuch, Frankfurt am Main 2011.

Marc M. Galal, *So überzeugen Sie jeden: Neue Strategien durch „Verkaufshypnose"*, Gabler Verlag, Heidelberg 2010.

James W. Pickens, *Masterclosing*, Gabler Verlag, Heidelberg 2013.

Frank M. Scheelen, *So gewinnen Sie jeden Kunden: Das 1x1 der Menschenkenntnis im Verkauf*, Redline Verlag, München 2011.

Tom Schmitt, Michael Esser, *Status-Spiele: Wie ich in jeder Situation die Oberhand behalte*, FISCHER Taschenbuch, Frankfurt am Main 2010.

Tim Taxis, *Heiß auf Kaltakquise: So vervielfachen Sie Ihre Erfolgsquote am Telefon*, Haufe-Lexware, Freiburg 2013.

Register

Abschluss-Kick 9, 168 ff.
Abschlussphase 125, 165
Abschlussquote 13 ff., 122, 132
Abschlusstechniken 21, 122, 125, 169
AIDA 123
AIDA-Faktor 132 ff., 170
AIDAplus System 122 ff., 197
Akquisefallen 129
Akquiseköder 9, 129 ff., 147, 159, 170, 175 f., 196
Anbeißen lassen 9, 67, 90, 109, 149, 164, 170
Anders Als Alle Anderen 110, 151
Angst 200 ff.
Augenhöhe 109, 111 f., 145, 151, 153
Auslöser 9, 173 ff., 181, 184 ff., 194 ff.

Bedarfsanalyse 84 ff., 95, 150
Bestandskundenakquise 124, 135
Bilder 113 ff.
Brandherde 9, 173 ff., 181, 184 ff., 194 ff.

3-Gehirne-Modell 46 ff., 63
30 Minuten Verkaufsabschluss 123, 134, 224

Elevator Pitch 9, 140 ff., 159, 170, 175, 196
Entree 70, 110, 150 f.
Entscheidungen fällen 43 ff.
Erzähltraining 98
Evaluierungsfrage 9, 147 ff., 157, 159, 170

Fachwissen 44 f., 78, 164
Floskeln 85, 169
Fokus 22 ff., 31 ff., 168 f., 203 f.

Geschichten 95 ff., 100, 141, 187
Gewohnheitseffekt 14
Glaubenssätze 34 ff., 44
Goldene Regel 10
Großhirn 46 ff., 85 ff., 95 ff., 161 f.
Grundpfeiler 91 ff., 101 ff.

Haifischbecken 11 ff.
Hauptemotionen 92 ff., 147 ff.

Hauptfreude 129 f., 150, 159
Hauptproblem 103, 172 f., 195 f.
Hauptschmerz 129 f, 150, 159
Haupttreiber 101 ff., 214 ff.
Hin-zu-Motivation 92 f., 97, 107, 140, 188, 214

Ich-Perspektive 143 ff., 170
Informationssammelphase 179, 186, 196

Ja-aber-Modus 19
Jägerstatus 37

Kaltakquise 7 f., 18, 201, 220 f.
Kaufentscheidung 48, 102, 166
Killerformulierungen 144 f.
Klartext 152, 197
Klassischer Verkaufsansatz 60 ff., 86 ff., 93 ff., 160 ff., 192 ff.
Kundenakte 191 f., 195
Kundenbrille 118, 121, 171

Laber-Checkbox 167 f.
Leistungsskala 209

Lieblingsfeindbild 21
Loserstatus 151

Macht der Erwartung 30 ff.
Manipulation 80, 98
MÄRZ-Formel 101 ff., 115 f.,
148 f., 214 ff.

Nutzen 62 ff., 84 ff., 160 ff
Nutzenmerkmal 173 f.,
184 ff.
Nutzenversprechen 161

Opferrolle 37, 215, 219 f.

Quote 13, 15, 45, 132 ff., 220

Platinregel 117, 171
Preis in andere Relation
setzen 9, 90, 149, 170
Preisargumentation 160 f.
Preisdebatten 33
Preiskämpfe 28, 134
Produktlandkarte 54, 64,
95, 184
Produktwissen 54, 64, 95,
184
Profiler-Matrix 7 ff.
Profiler-Regeln 9, 168
Profilerstatus 146, 151
Profiler-Tools 9, 171 ff.
Profiler-Verkaufsleitfaden
9, 90, 123, 149, 157 ff.,
164, 170, 179
Profiling-Ansatz 67 ff., 86
ff., 93 ff., 161 ff., 175 f.,
192 ff.
Psychologische Landkarte
9, 81 ff., 101 ff., 147 ff.,
170 ff., 177 ff., 193 ff.,
214 ff.

Quote 13, 15, 45, 132 ff., 220

Rabattschlachten 12, 33, 49,
103
Rivella 130 f.
Rollsplitt 19 ff., 43 ff., 40 ff.,
206, 219

Sack zumachen 9, 90, 112,
122, 125, 149, 165 ff., 220
Scheitern 22 f., 60 ff.,
Schmerz 9, 92 ff., 129 ff.,
147 ff., 158 ff., 171 ff.,
177 ff., 188 ff.,
Schmerz-Knopf 203, 215
Schnullereffekt 97
Schokomuffin 54 ff., 63, 67,
74 ff., 105, 213
Sich selbst erfüllende
Prophezeiung 29, 34
Sie-Perspektive 9, 143,
146 f., 170
Spannungsbogen 124 ff.,
168, 175
Stammhirn 46 ff., 207
Statussituationen 145 f.
Story 120 f.

Tiefstatus 151
Treiber 101 ff., 210 ff.
Trichterprinzip 105 f.,
110, 192
Tunnelblick 29

Übersetzungsprozess
113
Überzeugungsstrategie
79

Verkäuferbrille 118
Verkäuferstatus 145

Verkaufsfallen 109
Verkaufsgespräch 12 f., 68 f.,
77 ff., 150 ff.
Verkaufsleitfaden 9, 61, 84,
90, 123, 149, 157 ff., 164,
168, 170, 179
Verkaufsphasen 127 ff., 165,
168 f.
Verkaufsprozess 66, 90,
101 ff., 123, 126, 133 f.,
146, 166, 195
Verkaufsquoten 21
Verkaufsstrategie 53, 108,
194
Verkaufstrichter 103, 129,
172, 176, 192
Verstärker 35, 215, 217
Vorbereitung 9, 136, 191 ff.

Wanderkunden 109, 112
Warm-up 84, 150 ff.
WARUM 9, 50 ff., 81 ff.,
100 ff., 122 ff., 155 ff.,
176 ff., 187 ff., 210 ff.
WARUM-Sprache 97
WAS 52 ff., 59 ff., 130 f.
Weg-von-Motovation 92 f.,
97, 140, 214 f.
WIE 52 ff., 59 ff., 66 f.,
83 ff., 107 ff. 128 ff.,
160 ff.

Zeitreise 180 ff. 196, 215
Zielgruppe 43, 103, 129 ff.,
173 ff., 184
Zwischenhirn 46 ff., 54 ff.,
61 ff., 85 ff., 95 f., 99 f.,
119 f., 128 ff., 161

Register **223**

HAI ODER HERING

**UMSATZDRUCK,
KONKURRENZDRUCK
PREISDRUCK**

sind in der heutigen Verkaufswelt an der Tagesordnung. Die Herausforderungen für Verkäufer und Unternehmen steigen.

WIE BESTEHT MAN IN DIESEM HAIFISCHBECKEN?

Die Haijägerin Katja Porsch vermittelt Ihnen, wie Sie immer den richtigen Köder ins Becken werfen.

Mit der Profiling-Methode verkaufen Sie anders als alle anderen und haben dadurch einen klaren Wettbewerbsvorteil.

KATJA PORSCH
DIE HAIJÄGERIN

30 Minuten Verkaufsabschluss
ISBN: 978-3-86936-604-3 – € 8,90 (D) | € 9,20 (A)

HAIJÄGER WERDEN?

Buchen Sie Katja Porsch für Ihre Events, Kundenveranstaltungen, Kick Offs, Mitarbeiterveranstaltungen, Kongresse

📞 0171 533 44 96
🏠 www.katja-porsch.de